Das Festmahl der Eroberer

NACHFOLGENDE DOPPPELSEITE: *Johannes Ruyschs Weltkarte. Sie ist ein Nachdruck aus der* Geographie *des Ptolemäus. Ruysch zeichnete die afrikanische Küste nach Angaben der Reisen von Bartolomeu Dias. Indien ist ein ungenaues Dreieck, wohingegen Ceylon, das heutige Sri Lanka, an ungefähr dem richtigen Ort erscheint. Möglicherweise segelte Ruysch mit John Cabot 1497 von Bristol aus nach Neufundland, denn er erwähnt den Überfluss an Kabeljau. Ruysch war ein Freund des Malers Raffael.*

Drew Smith

Das Festmahl der Eroberer

Eine Geschichte der Entdeckungen in zwölf Zutaten

Aus dem Englischen von Alan Tepper und Andreas Schiffmann

wbg THEISS

VNI VERSALIOR
EX RECENTIBVS CONFECTA
TAVA MAIOR
TAVA MINOR
CANDYN
PLISACVS SINVS
TEBET
MANGI
TANGVT
HVC VSQ. NAVES FERDINANDI REGIS HISPANIE PERVENERVNT
TERRA SANCTE CRVCIS
SIVE MVNDVS NOVVS
SPAGNOLA

TABVLA
BVS
COGNITI ORBIS
OBSERVATIONI
CIRCVLVS ARTICVS
SEPTIMVM CLIMA
SEXTVM CLIMA
QVINTVM CLIMA
QVARTVM CLIMA
TERTIVM CLIMA
CIRCVLVS CANCRI
SECVNDVM CLIMA
PRIMVM CLIMA
CIRCVLVS AEQVINOCTIALIS
PRIMVM CLIMA
SECVNDVM CLIMA
CIRCVLVS CAPRICORNI
TERTIVM CLI
QVARTVM CLIMA
SCYTHIA INTRA IMAVM MONTEM
AEQVINOCTIALIS
PELAGVS
SINVS GANGETICVS
INDICVM
PELAGVS
CIRCVLVS CAPRICORNI
HISPANIA
LIBYA INTERIOR
AETHIOPIA INTERIOR
AGISYMBA REGIO
AGISIMBVS SINVS
PELAGVS BONE SPERANZE
CIRCVLVS

INHALT

REZEPTE

VORWORT

Als Kolumbus die Neue Welt – oder, wie er glaubte, Indien – entdeckt hatte, herrschte große Aufregung hinsichtlich der Reichtümer, die er mitbringen würde – Gold, Silber, Perlen ... Doch dieser ganze Plunder wurde von den Nahrungsmitteln in den Schatten gestellt, die er mitführte und die er und andere Entdecker mit in die Heimat zurückbrachten. Auf dem amerikanischen Kontinent gab es weder Pferde noch Schweine, kein Weizen für Brot, keine Weintrauben und keine Gerste zur Bierherstellung. Im Laufe vieler Jahrzehnte brachten die Schiffe Nahrungsmittel mit, die heutzutage in Afrika, Asien und Europa eine Selbstverständlichkeit sind wie Kartoffeln, Tomaten, Mais und Chili. In der Neuen Welt wurden ursprünglich aus Asien stammende Feldfrüchte angebaut wie Zuckerrohr, Knoblauch, Reis und sogar Orangen. Das Zusammentreffen der Alten mit der Neuen Welt stellte eine biologische Explosion ungeahnten Ausmaßes dar, die den Anbau, das Kochen und den Verzehr von Nahrungsmitteln, also die Grundlage unseres Lebens, auf der ganzen Welt veränderte.

Als Koch und Autor interessiert mich die Herkunft von Nahrungsmitteln – von welchem Betrieb stammen sie, wurden sie biologisch angebaut, um welche Sorte handelt es sich und wie wurden sie produziert? Betrachtet man das von einer übergeordneten Ebene, aus einer allgemeineren Perspektive, ergeben sich weitere Fragen. Warum überhaupt eine Tomate? Warum hier? Was ist überhaupt eine Tomate? Woher stammt sie? Warum Tomaten und keine anderen Früchte? (Ja, Tomaten werden als Früchte klassifiziert.) Die Frage stellt sich für alle in den Supermarktregalen oder auf Wochenmärkten erhältlichen Nahrungsmittel.

Amerika und Europa als Gärten Eden? Noch vor wenigen Jahrhunderten ergab sich ein anders Bild. Buschland und Heiden, Dickicht und Wälder – eine ungebändigte Wildnis, durchstreift von wilden und gefährlichen Tieren. Die Nahrungsbeschaffung zählte zu den täglichen, zeitaufwendigen Tätigkeiten. Wie verwandelten sich diese Länder in Flächen für Ackerbau und Viehzucht? Und warum essen wir – zumindest im Westen – Schinken und Eier zum Frühstück?

Könnten wir in der Zeit zurückreisen, würden wir die vorgefundenen Lebensmittel als höchst befremdlich empfinden. Fleisch wäre zäh und übergart, Gemüse groß und schrumpelig, Fisch alt und stinkend. Backwaren hätten eher wie Pappe geschmeckt. In schwabbeligem Gallert hätten sich eigentümliche Substanzen befunden. Auch die Grundnahrungsmittel lassen sich nicht vergleichen, denn sie kämen uns, die wir verwöhnt sind von dem riesigen Überangebot der Moderne, monoton vor.

Der Geschmack ändert sich nicht nur über die Jahrhunderte, sondern auch in der Lebensspanne eines Menschen (man muss dafür nur einige alte Kochrezepte ausprobieren). Ungesehene, für sich genommen kaum spürbare Veränderungen führen zu einem ständigen Wandel unserer Ernährung. Saatgut-Kataloge enthüllen Hunderte, wenn nicht Tausende Sorten, die niemals in einem Geschäft landen. Die Tierzucht hat sich von den Farmen ins Labor verlagert und Bauern verbessern ihre Kornquellen. Obwohl wir einen Begriff für gebackenes Brot aus Weizen haben, unterscheidet sich dieser Weizen vom dem, der noch vor Jahrzehnten produziert wurde. Auch der Boden zum Anbau hat sich verändert. Den Pilgervätern stand das tägliche Brot – oder das, was man heute als Brot bezeichnet – gar nicht zur Verfügung, um das sie im Vaterunser baten. Die Tradition wurde uns überliefert, aber trotzdem finden sich zahlreiche Unterschiede und Nuancen.

Auf der Jagd nach Schätzen beförderte Christoph Kolumbus' Karavelle Santa María *eine Crew von 40 Seeleuten, die auf einem Raum eingepfercht waren, der gerade mal die Größe eines modernen Apartments hatte. Ihr Proviant bestand aus gepökeltem Fleisch, Fisch und getrockneten Bohnen. Sie hofften, auf der Reise frische Nahrungsmittel zu finden.*

DAS ENDE DER WELT

Karacken und Karavellen: Wie alles begann

Die Alte Welt endete bei Kap Bojador an der Saharaküste, südlich der kanarischen Inseln. Für einen Seemann im Mittelalter bedeutete Bojador das Ende der Welt. Vor dem Jahr 1400 kehrte niemand zurück, der so weit gesegelt war, denn genau hier stürzte man vom Rand der flachen Welt. Es war ein Inferno, besonders für christliche Seeleute, die in die Region kamen, die an die muslimisch geprägte arabische Wüste angrenzte.

Für diese Sichtweise gibt es eine wissenschaftliche Erklärung. Die gischtspeienden Untiefen bei Bojador erstrecken sich mehr als drei Kilometer in den Atlantik. Die stark eisenhaltigen Riffs brachten die magnetischen Kompasse zum „Durchdrehen". Seeleute behaupteten, das dortige Wasser habe sogar die Nägel aus dem Schiffsrumpf gerissen. Die im Mittelmeer friedlich kreuzenden Galeonen waren für so eine raue See nicht gewappnet.

Im 15. Jahrhundert suchte das am Atlantik gelegene Portugal neue Möglichkeiten zum Handel, fernab der mediterranen Länder, die überwiegend von den Spaniern, Italienern und osmanischen Türken beherrscht wurden. Heinrich der Seefahrer, dritter Sohn des portugiesischen Königs, gab ein neues Schiff in Auftrag, das ihm einen legendären Ruf als Navigator einbrachte. Was er benötigte, war ein Schiff, um die Hölle zu umsegeln.

In den frühen Jahrzehnten wurde die Karavelle nach den Vorgaben Heinrichs des Seefahrers entwickelt: Entworfen nach dem Vorbild arabischer Fischerboote, war sie leichter und wendiger und verfügte über ein langes, dreieckiges Segel. Und dann entwickelte man die robustere Karacke mit einem Heck, das einen burgähnlichen Aufbau zur Verteidigung und zugleich als Stauraum besaß. Mit den rechtwinklig zum Schiffskörper gesetzten Segeln (Aufsicht) konnte es den atlantischen Stürmen trotzen.

Es waren voluminöse und langsame Frachtschiffe mit einer Verdrängung von ungefähr 100 Tonnen. Süßwasser stand nicht in größerer Menge zur Verfügung. Die Seeleute aßen harten Zwieback und Fisch und zur Abwechslung wertvolles Pökelfleisch. Mit diesen Schiffen vergrößerte Heinrich der Seefahrer Portugal um neue Territorien, zuerst 1415 um die Piratenbasis Ceuta an der marokkanischen Küste, 1420 gefolgt von Madeira und 1427 von den Azoren.

1433 segelte der Portugiese Gil Eanes nach Kap Bojador, war aber gezwungen, umzukehren. Im darauffolgenden Jahr unternahm er einen weiteren Versuch und es gelang ihm, die stürmischen Gewässer an der Küste zu umschiffen. Nach seinen Berichten war die See dort ruhiger und das Land fruchtbar. Zum Beweis brachte er eine Rose mit. Die Rose sollte das Zeitalter der Erforschung und Eroberung vorwegnehmen. Innerhalb von nur zehn Jahren wurden die ersten Sklaven nach Lissabon gebracht, und im Laufe des nächsten Jahrzehnts wurden Tausende jedes Jahr verkauft.

Eanes – mehr ein korpulenter Adliger mittleren Alters in Heinrichs Diensten als selbst ein Seefahrer – durchbrach die beschränkte mediterrane Sichtweise und wurde der Erste, der das neue Universum des Atlantik ansteuerte ... und zurückkehrte. In Lagos an der Algarveküste, das sich zu einem lebhaften und farbenfrohen kleinen Fischerhafen entwickelte, wurde ihm zu Ehren eine Statue errichtet. Das hier ist die Geschichte seiner Nachfolger.

EIN SCHMALES VORRATSREGAL

Ein sehr einfaches Bild illustriert unsere Geschichte. Die 32 Jahre alte Karacke *Santa María* war nach Schätzungen vermutlich 24 Meter lang und 8 Meter breit, hatte also einen Fläche von ungefähr 192 m^2. Die Mannschaft bestand aus 40 Männern, die fünf Wochen auf engstem Raum verbrachten, der nach heutigen Maßstäben einer sehr großen Familienwohnung entspricht. Es liegt daher auf der Hand, dass die Menschen damals kleiner waren.

Am Weihnachtsabend 1492 füllten die leichten Winde endlich die Segel der Karacke und offenbarten den Europäern erstmalig die Küstenlinie der heutigen Bahamas. Dadurch verschob sich die Achse, um die sich die Welt seit Beginn der Zivilisation drehte, fundamental und unumkehrbar. Sowohl die europäischen Entdecker als auch die nicht europäischen Ureinwohner machten Bekanntschaft mit Dingen, von denen sie zuvor nie geträumt hätten. Die bedeutendste Entdeckung waren weder die von den Entdeckern in der Folge geplünderten Schätze noch die später getauschten Pelze und erst recht nicht die schrecklichen Krankheiten, die sowohl die Siedler als auch die Einheimischen hinwegrafften. Für uns heute sind sowohl die aus der Alten Welt mitgeführten Nahrungsmittel von fundamentaler Bedeutung als auch die aus der Neuen Welt importierten, da sie als Vorboten der heranziehenden modernen Ära gelten.

John Whites Darstellung (mit Wasserfarben) von Indianern auf Roanoke aus dem Jahr 1585 war in Europa als Druck eine Sensation, zählte sie doch zu den ersten Bildern der Neuen Welt. Bei den Secotan im heutigen North Carolina zeigt er die Nahrungsmittelherstellung und den Anbau von Feldfrüchten, beschrieben als „ihr grünes Korn“ und „aufkeimendes Korn“. Das Bild wird im British Museum aufbewahrt.

Nahrungsmittel, die uns heute als selbstverständlich erscheinen – Kartoffeln, Tomaten, Mais, Kakao – und Baumwolle wurden über den Atlantik in die Alte Welt verschifft, während Reis den umgekehrten Weg nahm, wie auch Blumenkohl, Wein und Zucker. Und zum ersten Mal in ihrem Leben sahen die Amerikaner Pferde, Schweine und Kühe. Und Bienen.

Betrachtet man Flora und Fauna in Amerika 1492, ist es höchst überraschend, dass sich nur weniger als 100 Schlüssel-Nahrungsmittel durchsetzten. Sie wurden weitergezüchtet, eingepflanzt oder gesät, gepflegt und gewässert und entwickelten sich zu Eckpfeilern der weiteren Ernährungsgeschichte. Das Überleben der Menschen hing von einem schmalen Vorratsregal ab, hinzu kamen Erfindungen, Gier und Zielstrebigkeit – Charakteristika, die auch unsere heutige Existenz auf dem Planeten kennzeichnen.

Das Überleben der Menschen hing von einem schmalen Vorratsregal ab, hinzu kamen Erfindungen, Gier und Zielstrebigkeit.

Vor dem Jahr 1492 lebte Kolumbus im engstirnigen Umfeld der am Mittelmeer ansässigen Völker. Die Ernährung basierte überwiegend auf Gersten- oder Weizengrütze, sie tranken schwaches Bier und dünnen Wein und aßen gesalzenen Fisch oder Fleisch – Letzteres aber nur an besonderen Tagen. Es waren spartanische „Überlebensmittel". Für Armeen auf einem Feldzug oder die herrschende Gesellschaftsschicht bot sich die Möglichkeit, in entfernten Territorien zu plündern, doch für die meisten stand nur ein beschränkter Speiseplan zur Verfügung, den wir uns heute kaum noch vorstellen können. Auf seinen Reisen führte Kolumbus die Nahrungsmittel mit sich, die den Lebensgewohnheiten seiner Crew entsprachen: Senf, Wein, Olivenöl, Zuckersirup, Käse, Honig, Rosinen, Reis, Knoblauch, Mandeln, Schiffszwieback, trockene Hülsenfrüchte wie Kichererbsen, Linsen und Bohnen sowie eingelegte und gesalzene Sardinen, Sardellen, Klippfisch und eingelegtes oder gepökeltes Fleisch (Rind und Schwein) und gesalzenes Mehl. Ein Böttcher gehörte zur Mannschaft, der die Fässer überprüfte und sie wasserdicht hielt.

DIE WILDE, HEIDNISCHE BARBAREI

Als sich Kolumbus und seine 40 Männer auf dem Deck der Santa María de le Inmaculada Concepción drängelten, begann etwas, das massivste Auswirkungen auf die Zukunft hatte. Es war natürlich nicht Kolumbus allein, doch er ist ein treffendes Beispiel für den Anfang der modernen Ära, nicht nur aufgrund seiner Entdeckung, sondern auch wegen der Möglichkeit, mit dem Schiff zu reisen und alles nur Erdenkliche zu transportieren. Er verstand es darüber hinaus auch gut, zu handeln. Auf eine bestimmte Art war das Schiff wichtiger als die Person, denn zum ersten Mal entstand ein symbolischer Zusammenschluss der gesamten Welt.

Parallel zu Kolumbus' Reisen verschob sich die bekannte Welt vom Chaos des Mittelmeers zu den eisigen, grauen Wassern des Atlantiks. Das Folgende wird als „Columbian Exchange" (Kolumbianischer Austausch) bezeichnet und war geradezu ein Tsunami kultureller, agrarökonomischer, kommerzieller, biologischer und politischer Kontakte. Das war dem Mut der Entdecker geschuldet, doch was sie fanden, überstieg ihre Vorstellungskraft. Zum Verständnis und zur Einschätzung dessen wurden oft Jahrhunderte benötigt. Sie segelten mit noblen Absichten, setzten ihre Visionen aber mit erschreckender, blindwütiger Grausamkeit um.

Die Karacken und Karavellen durchpflügten das Ökosystem der Welt, transportierten Reisende, Nahrungsmittel und andere Waren und infizierten die neue Welt mit etwas, das sie Zivilisation nannten – und das ihnen selbst wohl als eine Art Impfstoff gegen die wilde, heidnische Barbarei erschien.

All die von den Entdeckern importierten essbaren Pflanzen mussten vor ihrer Akzeptanz ein großes Hindernis überwinden: die Kirche. Das amerikanische Gold und Silber und die Edelsteine dienten zum Ausschmücken der Altäre, Hauptgänge und Kapellen europäischer Kirchen, doch von den Nahrungsmitteln hatte man noch nie etwas in der Bibel gelesen. Sie stammten also nicht aus dem Garten Eden – sie kamen von Gott weiß wo. Statt sie als Speisen zu nutzen, wurden zum Beispiel Ananas und Pfeffer in den Gärten der Reichen als Kuriositäten oder Zierpflanzen eingesetzt.

Unter all den Nahrungsmitteln, die die Forscher entdeckten, gab es ein besonderes, das in jedem Hafen erhältlich war, in dem sie ihre Vorräte aufstockten. Sie konnten es bequem und unproblematisch importieren. Dieses Nahrungsmittel sollte sich im Laufe der nächsten 500 Jahre in ungeahntem Ausmaß auf unsere Ernährung und Gesundheit auswirken. Es war der Zucker.

KAPITEL

I

RUMBULLION UND KIESELZUCKER

Wie die Welt einen süßen Zahn bekam

MUNTERMACHER AN BORD

Dank der ab 1480 auf den kanarischen Inseln betriebenen Plantagen gehörte Zucker zu den bekannten Handelsgütern der portugiesischen Entdecker. Zucker war profitabel und Zuckerrohr bei heißem Klima leicht anzubauen. Drüber hinaus bestand damals die neue Möglichkeit, ganze Völker zu versklaven, was eine scheinbar unbegrenzte Arbeitskraft in der sengenden Hitze garantierte. Auch ließen sich die Handwerker aus dem Schiffsbau – also die Böttcher, die auch Arbeiten an Ruder, Lenkgestänge und Eisenteilen verrichteten – für den Bau der Pressen und hydraulischen Gerätschaften einsetzen, mit denen man die maximale Menge Saft aus dem Zuckerrohr gewann. Es war ein frühes, vielleicht sogar das erstes Indiz für eine industrielle Revolution, das den Vorstellungen der harten, zum Teil brutalen Seeleute entgegenkam.

LUST AUF SÜSSES

Zuckerrohr wurde vermutlich erstmals in Neuguinea domestiziert, ungefähr um 8000 v. Chr. Er gelangte über den Seeweg nach Indien. Die langen Stile wurden wegen des süßen Geschmacks gekaut oder ausgepresst. Zuckerrohr war allerdings für den Schiffs- oder Kanutransport zu voluminös und sperrig. Es lässt sich vermuten, dass Zucker zuerst als Muntermacher für die Seemänner an Bord gelangte.

Den Indern gelang es ungefähr um 340 n. Chr., den Saft in großen Pfannen auszukristallisieren, ähnlich wie Salz. Sie mahlten die Substanz, vermengten sie mit Limonensaft und ließen die Flüssigkeit in der Sonne verdunsten, eine Technik, die später die Chinesen und Araber übernahmen. Zucker war ein grobkörniger Stoff, von den Chinesen auch „Kieselzucker“ genannt. Die Araber errichteten zur Produktion Plantagen, Mühlen und Wasserwege, doch erst um circa 1100 n. Chr. fanden die ersten Kreuzritter das von ihnen so genannte „Zucker-Salz“, woraufhin Europa auf den süßen Geschmack kam.

Um ein optimales Ergebnis zu erzielen, benötigt Zuckerrohr Wasser, Hitze und viel Arbeit, Letztere freiwillig oder unfreiwillig. Die Europäer stellten in

LINKS: *Zuckrrohr auf Trinidad, Westindische Inseln, Karibik. Postkarte, circa 1907. Im Besitz der Grenville Collins Postcard Collection.*

ihren Häfen mithilfe von Sklaven große transportierbare Kristalle her. Die damaligen christlichen Herrscher und venezianischen Kaufleute pflanzten Zuckerrohr auf Zypern an, in Tyros an der Küste des Libanons und auf Sizilien.

Die Atlantikinseln befanden sich jedoch außerhalb des Einflusses des venezianischen Stadtstaates. Sie erlaubten den flämischen und genuesischen Schiffen einen Zwischenstopp, die afrikanische Sklaven zur Arbeit in den Mühlen brachten und Zucker in das Gebiet nördlich von Antwerpen transportierten. Antwerpen entwickelte sich zur Zuckerhauptstadt Europas. Um 1490 hatte Madeira Zypern den Rang als produktivste Zuckerinsel abgelaufen und zugleich mit dem Weinhandel begonnen. Die Atlantikinseln boten für die ersten Karavellen wichtige Häfen, von denen aus sie zu den neuen Kontinenten segelten. Kolumbus machte während der zweiten großen Reise einen einmonatigen Zwischenstopp auf den Kanaren und nahm Zuckerrohrsetzlinge mit. Auf Hispaniola baute man eine Zuckermühle und im Laufe eines halben Jahrhunderts waren 3000 Mühlen in der Neuen Welt errichtet worden. Zucker war das erste prägnante Beispiel für die „Columbian Exchange". Den Pionieren stand nun eine Ware zum Handeln zur Verfügung. Von nun an wurden Schiffe nicht nur nach Amerika entsandt, sondern rund um den Globus. Gold und Silber mögen Trophäen für die Entdecker gewesen sein, doch Zucker verlieh den Atlantiküberquerungen einen unbestreitbaren Sinn und einen Grund, sich niederzulassen und etwas aufzubauen.

Während sich die Spanier auf den Norden Amerikas konzentrierten, entdeckten portugiesische Schiffe Brasilien. In der Folge wurden dort zahlreiche Mühlen gebaut. Das tropische Klima eignete sich zum Anbau von Zuckerrohr und zur Herstellung von Zuckerrohrsaft, aus dem man transportierbare Kristalle herstellte. Die hohen Preise in Europa machten den Handel lukrativ. Die Arbeit auf den Plantagen war sprichwörtlich mörderisch. Afrikanische Sklaven wurden zum Ersatz einheimischer Arbeiter verschleppt, von denen unzählige aufgrund von Erschöpfung und Krankheiten des weißen Mannes starben, und Zucker wurde als Rückfracht geladen. Laut britischen Fahrtenbüchern landeten insgesamt 4 Millionen Sklaven in der Neuen Welt. Am Ende der Sklaverei überlebten lediglich 400 000 Nachkommen. Von Mitte des 17. Jahrhunderts an dominierten die Engländer und Franzosen die Inseln in der Karibik, wogegen der Einfluss der Spanier und Portugiesen schwand.

Die Sklaven machten eine eigene Entdeckung, denn sie stellten aus Melasse Rum her. Während der ersten zwei Jahrhunderte Ausbeutung der Karibik war das alkoholische Getränk bedeutender als Zucker an sich.

Die erste Zuckerraffinerie der Welt, circa 1600. Stich von Jan Collaert, publiziert von Philips Galle, Metropolitan Museum of Art, New York. Auf den Feldern im Hintergrund sieht man Männer beim Zuckerrohrschnitt, mitten im Bild wird das zerkleinerte Rohr in fussförmigen Öfen gekocht und danach von einer Wassermühle gekühlt. Vorne links wird das Rohr klein gehackt, während auf der rechten Seite das fertige Produkt in konischer Form zu sehen ist. Die Extraktion vom Zuckerrohr und der Transport wurde bereits 1636 von John Gerard in Herbal History of Plantes *beschrieben:*
Sie hackten es in kleine Stücke und warfen es in einen Trog, der aus einem Baum hergestellt war. Darin legten sie einen Stein, ähnlich einem Mühlstein, den ein im Kreis trottendes Pferd, ein Büffel oder ein anderes Tier bewegte. Dort zerkleinerte und mahlte man das Rohr, ähnlich wie wir es mit der Baumrinde für Gerberlohe machen oder wie mit Äpfeln für Cidre.

Das Wort Rum wurde von „Rumbullion" oder „Rumbustious" abgeleitet. Variationen können sogar früher datiert werden: Marco Polo erwähnte einen „sehr guten Zuckerwein", den er im Persien des 13. Jahrhunderts fand, und einen süßen Wein auf Sumatra, hergestellt aus Blättern, die Palmwedeln ähnelten. Im heutigen Malaysia gibt es ein lokal bekanntes Zuckergetränk namens Brum.

Obwohl Barbados behauptet, die Heimat des Rum zu sein, wird Aufzeichnungen nach in Brasilien schon 1620 von einem alkoholischen Getränk aus Zuckerrohr berichtet. In einem Brief aus Barbados steht 30 Jahre später: „Der größte Rausch der Insel kommt vom Rumbullion, alias Kill-Divil, gemacht aus destilliertem Zuckerrohr. Es ist ein scharfer, schrecklicher, höllischer Likör." In den Tropen reifte der Rum weitaus schneller als andere Alkoholika wie Brandy oder Whisky – wahrscheinlich in genau der Zeit, die ein Schiff benötigte, um den Atlantik zu überqueren und einen europäischen Hafen anzulaufen. Auch volle Weinfässer wurden gern transportiert, nahmen allerdings den umgekehrten Weg. Die karibischen Inseln konkurrierten in den folgenden Jahrhunderten um die Vormachtstellung in Sachen Zucker. Um 1750 war Haiti, zu der Zeit eine französische Kolonie namens Saint-Domingue, der weltweit größte Produzent, danach wurde es Jamaika und zu Beginn des 20. Jahrhunderts Kuba.

Die erste nordamerikanische Destillerie entstand 1664 auf Staten Island, drei Jahre später folgte eine Fabrik in Boston. Rum hatte sich zum blühendsten und universalsten Industriezweig der Neuen Welt gemausert. Der Rhode-Island-Rum wurde zeitweise sogar zur Währung, woraufhin man Sklaven in Maßeinheiten von Gallonen kaufte und verkaufte.

Auch in anderen Teilen der Neuen Welt hatte Rum den Status einer Währung. Er wurde zusammen mit Reis aus Indien nach Australien verschifft, oft als Schmuggelware. Gouverneur William Bligh war vom Grad der Trunkenheit in Australien so entsetzt, dass er den Rum 1806–1808 verbieten wollte. Das New South Wales Corps marschierte daraufhin mit aufgepflanzten Bajonetten zu seinem Haus, um ihn zu verhaften. Rum stellte einen wichtigen Teil der amerikanischen Kultur da, sodass es für Politiker zum guten Ton gehörte, bei Wahlkampfveranstaltungen Drinks zu spendieren. Von Bill McCoy, einem Rumschmuggler, stammt der Begriff „der wahre McCoy", was „nicht gepanscht oder gestreckt" bedeutet. Als die Briten 1655 Jamaika überrannten, gingen sie dazu über, Rum statt wie bisher französischen Brandy zu konsumieren.

Die britische Marine schenkte Seeleuten noch bis ins Jahr 1970 die tägliche Rumration aus, was bei bestimmten Anlässen immer noch Brauch ist. Eine andere Geschichte liefert die Erklärung dafür, dass Rum auch „Nelsons

Blut" genannt wird. Nach seinem Tod bei der Schlacht von Trafalgar wurde der Leichnam des Admirals für den Heimweg in einem Fass Rum „eingelegt", doch bei der Ankunft fanden sich nur noch seine Überreste ohne einen Tropfen des alkoholischen Getränks. Angeblich hatten die Seeleute (was offiziell nicht erwähnt wurde) ein Loch in das Holz gebohrt und durch diese Öffnung den Rum geschlürft. Daher stammt auch die im englischsprachigen Raum benutzte Redewendung „den Admiral anzapfen".

NASCHEREI IM WANDEL

Der Einzug von Zucker in den Speiseplan der Europäer verlief langsamer, galt aber eher als respektabel. Zu Beginn des 18. Jahrhunderts wurde er in Tee und heißer Schokolade getrunken, stellte jedoch immer noch einen teuren Luxus dar. Langsam, während der Preis in den nächsten 50 Jahren fiel, fand er seinen Weg ins Kochbuch. 1770 wurde in Großbritannien fünfmal so viel Zucker konsumiert wie noch zu Beginn des Jahrhunderts. Der Großteil stammte aus der Karibik, doch wurden schnell auch andere Gegenden zu Zuckerregionen, was zu einer Wanderbewegung von Arbeitskräften rund um den Globus führte. Inder wurden zu den Fidschi-Inseln befördert, nach Mauritius oder Südafrika, Chinesen und Japaner arbeiteten auf Hawaii und die Niederländer transportierten viele Bewohner Javas nach Suriname. Auch wo es sich nicht um Sklaverei handelte, war es eine zermürbende Arbeit – minimale Bezahlung und jahrzehntelange harte Schufterei in einem fremden Land, ohne Aussicht auf Rückkehr. Heutzutage gelten Indien und Brasilien als die weltweit führenden Exporteure von Zuckerrohr, wogegen der Handel in der Karibik mit der endenden Kolonialisierung auslief.

Zwei technische Innovationen trieben die Zuckerproduktion im 19. Jahrhundert in die Höhe. Das Zuckerrohr war traditionell in Kesseln unter freiem Himmel gekocht worden. 1813 entwickelte der britische Chemiker Edward Charles Howard eine geschlossene, teils mit einem Vakuum arbeitende Dampfpresse, die den Ertrag steigerte und die Karamellisierung verhinderte. Er hatte herausgefunden, dass Wasser in einem Vakuum bei einer niedrigeren Temperatur kocht. Der amerikanische Wissenschaftler Norbert Rillieux verfeinerte das System 1845 mit zusätzlichen Kübeln. Der Prozess in einem abgeschlossenen Vakuum machte die Herstellung preiswerter und sicherer, woraufhin sich Zucker innerhalb einer Generation fest auf dem Speiseplan etablierte. Er wurde für Tee, Zwieback, Marmelade, Gelee und Alkohol genutzt.

ORIGINALREZEPT

PLANTERS' PUNCH

Einem Bericht nach kam die Frau eines jamaikanischen Plantagenbesitzers auf die Idee zu dem Drink, anderen zufolge waren es der Besitzer von Myers's Rum oder verschiedene Hotels in den Südstaaten der USA. Er ist eine Erinnerung an das Kolonialleben.

45 ml dunkler Rum
35 ml frischer Orangensaft
35 ml frischer Ananassaft
20 ml frischer Zitronensaft
10 ml Grenadine
10 ml Zuckersirup
3–4 Spritzer Angostura Bitter

Geben Sie alle Zutaten bis auf den Bitter in einen mit Eis gefüllten Shaker. Gut schütteln. Geben Sie den Mix in ein großes, mit Eis gefülltes Glas. Nun Angostura Bitter hinzufügen. Zur Verzierung eignen sich Cocktail-Kirschen und Ananas.

MOJITOS UND DER HEMMINGWAY

Die Vorläufer des Mojito gehen zurück bis in die Zeit der Zuckerrohrplantagen. Auch ein gewisser Richard Drake, ein entfernter Verwandter von Francis, stellte einen Drink aus lokalem Rum, Rohrzucker, Limone und Minze her, alles auf den Inseln verfügbar. Als Queen Elizabeths Liebling erhielt er von ihr das Monopol zur Destillation von Aqua Vitae. Der Name El Draque wurde von afrikanischen Sklaven abgelöst, die den Drink *Mojo* nannten ...

Ernest Hemingway trank auf seinen Angelausflügen eine Variation mit Blond Rum, als Süßmittel Honig und Wasser im Verhältnis eins zu eins, Limonensaft und Minzblätter.

Ein „Hemmingway" wird laut dem Schriftsteller wie folgt zubereitet:

Zweieinhalb Jigger weißer Rum, der Saft von zwei Limonen, eine halbe Grapefruit und sechs Tropfen Maraschino-Likör. Natürlich kein Zucker.

Eine Lithographie (1840) von Zuckerrohr (Saccharum Officinarum) *aus der Wellcome Collection zeigt die Pflanze in der Mitte, verschiedene Stufen der Herstellung und den Konsum durch vornehmlich wohlhabendere Mitglieder der Gesellschaft.*

Zucker hatte eine wichtige Funktion, indem er das tendenziell Geschmacklose wohlschmeckend machte. Für Zucker wurde praktisch ein neuer Kanon der Lebensmittelzubereitung erfunden. Nicht nur Süßwaren standen im Fokus, sondern auch das Backen. Es war eine Herausforderung, aus den wenigen Ingredienzien – Zucker, Mehl und Butter – etwas zu machen. Während immer mehr Menschen vom Land aus in die Stadt zogen, gingen sie vom Bier zu billigerem Tee über, den sie süßten, wobei der Zuckerpreis den des Tees überstieg. Das spiegelte einen fundamentalen Wandel des Geschmacks wider. Bis zum Mittelalter hatten Europäer einen bitteren Geschmack bevorzugt. Nun entstand geradezu eine Sucht nach Süßem. Im Mittelmeerraum begannen Bäcker Brot und Kuchen zu süßen, eine bis heute tradierte Gewohnheit. In Italien gehört etwas Süßes immer noch zum Frühstück. Mit jeder industriellen Innovation in der Lebensmittelherstellung tauchte auch der Zucker auf: Bei Milch und Schokolade, in Getränken wie Milchshakes, beim Eis und nach der Erfindung der Espressomaschine nach dem Zweiten Weltkrieg auch in diesem Getränk. Mit dem Siegeszug des Fast Foods wurde Zucker – allgegenwärtig, ernährungswissenschaftlich nutzlos, aber der Liebling des Lebensmittelgeschäfts – erneut zur Geschmacksverstärkung benötigt.

THEORIEN UND GESCHICHTEN ÜBER DEN RUM

Auf den Inseln des Mittelmeers fanden sich die ersten Zuckerrohrplantagen, womit es plausibel ist, dass die frühen Seefahrer möglicherweise das Wissen zur Herstellung von Rum mit in die Karibik nahmen. Auslaufende Schiffe führten Wein- und Bierfässer mit sich, benötigten eine Rückfracht, und die Seeleute hatten selbst nichts gegen ein gutes Tröpfchen einzuwenden. Sie verfügten zudem über die Ausrüstung, die manuellen Fähigkeiten und das Wissen um den Destillationsprozess, der allerdings 350 Jahre zur Perfektion benötigte.

Eine weitere oftmals zitierte Theorie besagt, dass die Sklaven auf den Plantagen selbst auf die Idee zur Herstellung kamen oder sie sogar aus Afrika mitbrachten, wo sie möglicherweise die Produktion von den Arabern erlernt hatten. Nun ja, ihnen stand Melasse zur Verfügung. Möglicherweise hatten sie unter den Barackenbrettern ihrer Behausungen eine Pfanne versteckt, die sie erhitzten und abkühlen ließen. Aber das Gebräu hätte wahrscheinlich nur eine äußerst wagemutige Seele zu sich genommen. Das fehlende Verbindungsglied zur Verwandlung in Alkohol war eine Destillierapparatur mit einem Überlaufrohr. Zuerst wäre das Methanol destilliert (und entfernt worden),

Sklaven bei der Rumdestillation auf Martinique. Bei der Herstellung sind deutlich mehr Sklaven zu sehen als auf der vorhergehenden Abbildung der Zuckerplantage. Eine Illustration aus der Saint-James Collection, 1595.

um das wertvolle Äthanol zu gewinnen. Das hätte allerdings zahlreiche Versuche erfordert – mit fatalen Folgen, denn zu viel Methanol kann zum Tod oder zur Erblindung führen (darum auch der Name „Kill Devil“, ursprünglich leicht abweichend geschrieben). Doch erst als Andreas Coffey um 1820

1857 begann Paul Bardinet, Likörproduzent in Limoges, mit Alkohol aus unbearbeitetem Zuckerrohr zu experimentieren. Sein neuer Rum wurde in Frankreich und Spanien regelrecht aus den Regalen gerissen, eine Reklametafel warb für „el ron de la Negrita". Der Name des Rums wurde 1886 unheberrechtlich geschützt und später vom französischen Illustrator Max Camis künstlerisch umgesetzt. Die Frau mit den goldenen Ohrringen, dem Stirnband und der Kette wurde zu einer Ikone der frühen Werbung.

die kontinuierliche Destillation erfand (Pot-Still-Verfahren), wurde eine groß angelegte Produktion möglich. Schon 150 Jahre nach den ersten Entdeckungsreisen wurden die Produzenten auf den karibischen Inseln von der britischen Navy mit der Rum-Herstellung beauftragt. Die frühen Unternehmer führten keine Aufzeichnungen, auch wenn sie in Ausnahmefällen das Rezept an Mitbewerber weitergaben (unwahrscheinlich) oder gegenüber den Steuereintreibern Angaben machten (höchst unwahrscheinlich). Admiral William Penn, der Jamaika eroberte und damit auch die Zuckerplantagen, gehörte jedoch zu den Freunden des Schriftlichen. Nach vielen Tagen auf See war die den Seeleuten gestattete Ration Bier aufgrund der tropischen Temperaturen meist schlecht. Er ersetzte Bier durch Rum, der zudem weniger Platz verbrauchte. Zuerst gab es keine Rationierung, doch 1731 berechnete die Navy, dass eine Gallone Bier (eine Tagesration; 4,546 l) einem halben Pint Rum entsprach (0,28 l). Ob Rum oder Bier – die Seeleute waren so oder so sturzbetrunken. 1740 erteilte Vize-Admiral Edward Vernon den Befehl, dass an den Salzrationen und Brot gespart und dafür Zucker und Limonen angeschafft werden sollten, um den Rum geschmackvoller zu machen. Der Cocktail wird heute Daiquiri genannt.

SÜSSER ZAHN

Doch es führte noch ein anderer Weg zum süßen Geschmack. Aufgrund staatlicher Vorgaben (1975–1985) wurde der Zucker auf dem amerikanischen Speiseplan durch Maissirup mit einem hohen Fructose-Gehalt ersetzt. Die Regierungen der USA und Kanadas belegten importierten Zucker mit einem hohen Zoll, wobei sie gleichzeitig die Maisindustrie subventionierten. Daraufhin nutzten Lebensmittelhersteller Fructose als Süßstoff und nicht mehr Zucker.

Maissirup mit hohem Fructose-Gehalt wurde 1957 von Richard O. Marshall und Earl R. Kooi erstmalig beschrieben und dem japanischen Wissenschaftler Yoshiyuki Takasaki 1971 für die kommerzielle Nutzung patentiert. Der Mais wird hier zu einer Stärke zermahlen, die man in Glukosesirup umwandelt. Nach einem Enzym-Zusatz entsteht reine und sehr süße Fructose. Natürliche Früchte bieten höchstens zehn Prozent Fructose. Innerhalb von 30 Jahren stieg der Anteil der amerikanischen Nahrungsmittel, denen Zucker – oder, exakter, Fructose – zugesetzt wurde, auf ein Viertel.

DES ZUCKERROHRS GRÖSSTE RIVALIN: DIE ZUCKERRÜBE

Mangold und Zuckerrüben. Farblithografie von G. Severyns. Die Zuckerrübe ist mit Roter Bete verwandt, wie sie in der Antike angebaut wurde. Ursprünglich wurde sie aus der Wilden Rübe (auch See-Mangold genannt) und der nahen Verwandten, der Runkelrübe, kultiviert. Anfangs setzte man Zuckerrüben als Tierfutter ein.

Der Weg der Zuckerrübe auf den Speiseplan unterschied sich radikal von dem des Zuckerrohrs. Die moderne Zuckerrübe wurde aus der Wilden Rübe gezüchtet, die an den europäischen und asiatischen Küstenlinien frei wuchs. Die erste Erwähnung stammt aus der Zeit der Griechen und Römer.

Der deutsche Chemiker Andreas Marggraf wies 1747 den Saccharose-Anteil nach. Damals stellte das eine Kuriosität dar, und die erste Fabrik in Schlesien erzielte keine Gewinne. Es erforderte geradezu drakonische politische Maßnahmen, um die Rübe zu einem wichtigen Nahrungsmittel zu machen. Als die Briten während der Napoleonischen Kriege den Import von Zuckerrohr aus der Neuen Welt blockierten, befahl Napoleon, eine Fläche von 320 km² zum Rüben- und Mangold-anbau bereitzustellen. Zur Verarbeitung wurden zwischen 1810 und 1815 mehr als 300 kleine Fabriken gebaut. Von diesem Zeitpunkt an etablierte sich die Rübe als Feldfrucht in ganz Europa, sogar nachdem der Handel mit der Karibik keinen Beschränkungen mehr unterlag. Im Jahr 1837 produzierte Frankreich weltweit die meisten Zuckerrüben, was sich bis ins Jahr 2010 erstreckte, in dem Russland die Vormachtstellung einnahm.

In der Geschichte der Botanik kommt der „bescheidenen" Rübe eine wichtige Rolle zu, da sie den Anbau veränderte. Agrarerzeuger konzentrierten sich auf Monokulturen mit zyklisch wechselnden Feldfrüchten und dem starken Einsatz von Düngemitteln. Die Blätter dienten als Viehfutter. Darüber hinaus war die Zuckerrübe bei der Entwicklung von Züchtungsmethoden wichtig, da man so den einst niedrigen Saccharose-Gehalt optimierte.

Nach einigen Fehlversuchen erkannte eine Gruppe von Mormonen in Utah die Bedeutung der Rübe für die Selbstversorgung. Sie erwarben eine komplette Fabrik, die in Waggons verladen von Kansas aus angeliefert wurde. Das eröffnete den Weg für die Kultivierung in Kalifornien. Fast 35 Prozent des Weltzuckers und 50 Prozent des amerikanischen stammt aus der Zuckerrübenproduktion und nicht mehr vom Zuckerrohr.

ORIGINALREZEPT

DAS ERSTE MARMELADENREZEPT

Zucker als Lebensmittel tauchte zuerst als Marmelade für ein Butterbrot auf und in Tee, wodurch Letzterer eine preiswerte Alternative zu Bier darstellte. Sprachwissenschaftler vermuten, dass das englische Wort *Jam* vom Französischen *J'aime* („Ich mag") abstammt. Das mag wohl die spontane Reaktion höfischer Damen gewesen sein, als sie zum ersten Mal Bekanntschaft mit dem süßen Aufstrich machten. Eins der ersten publizierten Rezepte (1718) stammt von Mary Eales, die sich als Konditorin für Queen Anne bezeichnete.

Man nimmt zwölf Pfund Kirschen, kocht sie und entsteint sie dabei. Wenn all der Saft weggekocht ist und man den Boden der Pfanne sieht, werden drei Pfund fein gemahlenen Zuckers dazugegeben. Gut umrühren und zwei oder drei Mal aufkochen lasen. Dann füllt man die Flüssigkeit in Töpfe oder Gläser.

EINFACHE PUDDINGSOSSE

Wertvoller Zuckersaft, zu Blöcken auskristallisiert, fand durch die Konditoren den Weg in das europäische Kochbuch. In *Le Nouveau Cuisinier* (1660) von Pierre de Lune wird Zucker zur Süßung blanchierten Spinats genutzt, verfeinert mit Zimt und Zitrone, der als Füllung einer mit Mehl – und meist Weißwein – hergestellten Pastete diente, garniert zum Beispiel mit Orangenblüten.

Als Eliza Acton 1835 *Modern Cookery* publizierte, hatte sich Zucker auf dem europäischen Speiseplan durchgesetzt. Nachfolgend ein Rezept für eine schlichte Puddingsoße.

Süßen Sie 150 ml geschmolzene Butter mit 45 g Zucker. Dazu langsam einige Gläser Wein hinzufügen. Bis zum Siedepunkt unter Rühren erhitzen. Servieren Sie unverzüglich. Nach Belieben dürfen geriebene Zitrone oder Muskatnuss beigegeben werden.

1862 riet Queen Victorias Küchenchef Charles Elme Francatelli, Zucker mit diversen Zutaten wie Knoblauch oder Ingwer geschmacklich zu verändern. So fanden sich weitere imperiale Ingredienzien auf dem viktorianischen Tisch wieder.

Eine Anzeige aus dem späten 19. Jahrhundert. Ein Glas Ciro-Marmelade schwebt stilecht über Erdbeerpflanzen.

KAPITEL

2

DER MAIS UND SEINE VERWANDTSCHAFT

Ein pflanzliches Trio rettet die Siedler

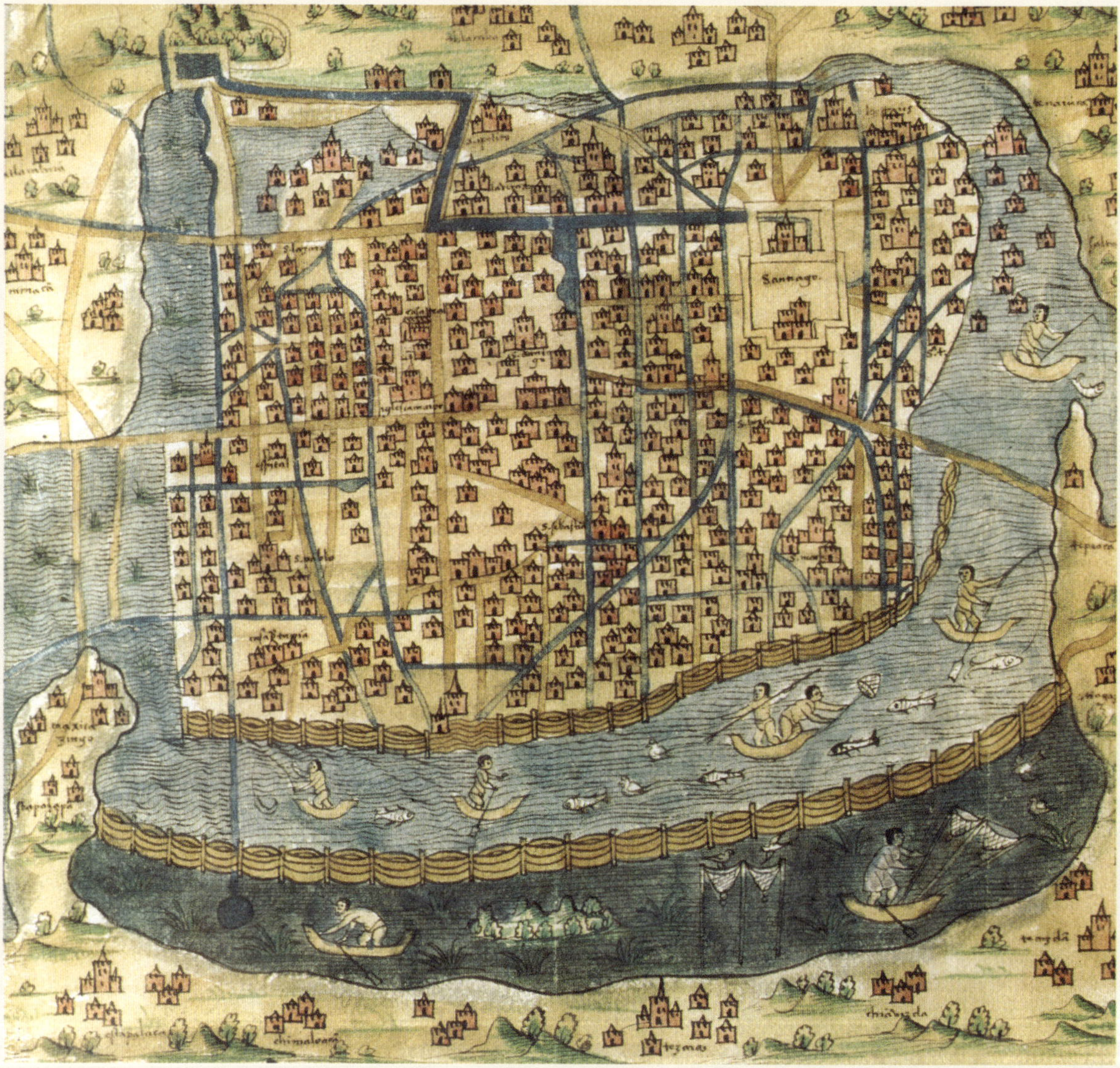

Die Stadt Tenochtitlan in Mexiko wurde auf einer Insel mitten im Texcoco-See errichtet, durchzogen von Kanälen. Diese Karte aus dem Jahr 1560 (Nationalbibliothek Madrid) wurde von Alonso de Santa Cruz (1505–1567) angefertigt. Damals war Tenochtitlan eine der größten Städte der Welt und die Hauptstadt des Aztekenreichs.

MAIS, BOHNEN UND KÜRBIS

Vor der Ankunft der Konquistadoren hatten die Ureinwohner von Nord- und Südamerika keine großen Haustiere, keine Pferde zum Reiten, keine Kühe für die Milch, keine Ochsen zum Pflügen der Felder oder zum Einsatz in der Ernte. Der Ackerbau fand überwiegend lokal statt und in direkter Nähe zu den Siedlungen. Durch uns hinterlassene Steinreliefs und „Maisskulpturen" – Statuen von Göttern oder Priestern, die zum Beispiel Mais halten, mit einem „Schau-her-was-ich-hier-habe-Ausdruck" – wissen wir jedoch, dass die Ureinwohner geschickte Bauern waren. Auch lassen sich landschaftliche Hinweise finden wie die von den Inkas im Hochland der Anden errichteten Terrassen zum Anbau von Feldfrüchten. Das Reich der Azteken basierte auf der Agrarkultur und war so weit entwickelt wie das frühe Rom. Vieles ließ sich auf die Tolteken zurückführen. Illustrationen zeigen, wie sie das Sumpfland mit dem einzigartigen Ansatz der treibenden Gärten urbar machten. Sie webten große Matten aus Baumrinde und befestigten sie mit Tauen auf dem feuchten Untergrund. Nach dem Auftragen von Boden und Dünger pflanzten sie die essenziellen Feldfrüchte an wie Amarant, Bohnen und Mais.

EINE DER ERSTEN SPEISEKAMMERN AMERIKAS

Die Menschen in den Anden stellten Wolle aus dem Fell der Alpakas und Vikunjas her, züchteten Guineaschweine, sammelten und jagten in Gruppen und lagerten den Ertrag im Dorf, wo man ihn in einer frühen Form von Rationierung ausgab. Durch DNS-Proben von Funden aus den Anden wissen wir, dass die Ernährung überwiegend vegetarisch war. Als geradezu visionäre Bauern kultivierten die Inkas Nahrungsmittel, die später um den ganzen Globus gingen: Kartoffeln, Chili, Tomaten, Quinoa und Amarant. Auch dieser Ertrag wurde vorausschauend eingelagert, um Mangelzeiten nach eventuellen Missernten vorzubeugen. Die Nahrungsbeschaffung steigerte vermutlich das Zusammengehörigkeitsgefühl der Stämme. Es gibt Hinweise, dass einige Nahrungsmittel für den Notfall sieben oder acht Jahre gelagert wurden. Wahrscheinlich kennen wir nur einen Bruchteil ihrer Speisekammer, denn ein Großteil möglicher Forschungsgegenstände wurde in den letzten 40 Jahren zerstört. Dennoch entdeckten Archäologen in jüngster Zeit die Überreste vergessener Königreiche.

Nordöstlich der Inka-Reichs lebten die Mayas, die vermutlich die Ersten waren, die Kakao tranken, hergestellt aus gemahlenen Kakaobohnen, Chili und Maismehl, Wasser und auch Honig. Vor der Maya-Kultur gab es die Mokaya, die im heutigen Mexiko und Guatemala lebten. Ihr Name bedeutet übersetzt „die Mais-Menschen“. Sie waren die Ersten in Mesoamerika, die Töpferwaren herstellten, in deren Überresten Spuren von Kakao nachgewiesen werden konnten.

DIE DREI SCHWESTERN

Vor der Ankunft der Europäer in Amerika ernährten sich viele Menschen von Gerichten aus Mais, Bohnen und Kürbis. Der Legende der Irokesen nach waren die drei Zutaten unzertrennlich.

Seit dem Beginn der Geschichte haben diese „drei Schwestern“ die agrarischen Gesellschaften der Ureinwohner ernährt. Mais bot den Bohnen die Möglichkeit zum Ranken. Bohnen nahmen Stickstoff in ihren Wurzeln auf. Kürbis mit seinen feinen Wurzeln lieferte einen natürlichen Mulch und somit Schatten, um das Wasser im Boden zu halten, und wirkte gegen Unkraut. Hinsichtlich des Nährwerts ergänzten sie sich. Der Mais bot Kohlenhydrate, getrocknete Bohnen Protein und der Kürbis Vitamine und Öl. Bei südwestlichen Stämmen trieb sich noch eine vierte Schwester herum – Chili für den Geschmack.

Der Anbau lässt sich nicht mit den heutigen langen Reihen von Nutzpflanzen vergleichen, sondern ähnelte eher einem Schachbrett, bei dem vier totemähnliche Maispflanzen an den Ecken jedes Feldes standen. Die Bohnen wurden zum rankenähnlichen Wuchs am Mais angebaut. Sie sind heliotropisch, richten also die Blätter nach der Sonne aus. In der Dunkelheit falten sie sich zusammen. Der Kürbis wurde zwischen den einzelnen Feldern gepflanzt, sodass die Blätter des Mais ihm Schutz vor der Sonne boten. Der Kürbis verhinderte aufgrund seines Wurzel- und Blätterwerks auch das Eindringen von Tieren in die Felder.

Die Bohne kann in botanischer Hinsicht bis zu einer Höhle in Guitarrero, Peru, zurückverfolgt und auf das zweite Jahrtausend v. Chr. datiert werden. Die uns heute bekannten grünen Bohnen stammen ursprünglich aus den Anden. Ackerbohnen oder dicke Bohnen sind eine Ausnahme und kommen aus der Himalaja-Region. Die Neue Welt bot Kidneybohnen, schwarze Bohnen,

Die aztekische Maisgöttin Chicomecoatl oder Mexica, Schutzheilige der Landwirtschaft und von allem, was sich um das Essen und Trinken drehte. Die Steinmetzarbeit wird im National Museum of Anthropolgy in Mexiko City verwahrt. Ihr Name wurde für den getrockneten Maissamen verwendet, der im Folgejahr zur Aussaat kam, wohingegen man den frischen Mais Cinteotl nannte, den männlichen Maisgott.

ORIGINALREZEPT

PFANNENMAISBROT

Die Gusseisenpfanne hat, wie auch das Omelette, in der Küche der amerikanischen Südstaaten einen nahezu mythischen Stellenwert. Während der Weltkriege wurden amerikanische Frauen zur Herstellung von Maisbrot ermutigt, damit Weizen nach Europa transportiert werden konnte.

Das Rezept für den sogenannten „indianischen Pfannkuchen" stammt aus dem *New England Cookbook* (1836). Es fehlt die Angabe, dass Ofen und Pfanne auf 200 °C erwärmt werden müssen. Nach circa fünf Minuten, wenn beide Seiten goldbraun sind und sich hochbiegen, ist es fertig.

Vermengen sie 1 l Milch mit 500 g indianischem Mehl (Maismehl), 4 EL Mehl, 3 geschlagenen Eiern und 1 TL Salz. 1 EL Melasse oder gegarter Kürbis wird zur Geschmackveredlung empfohlen. Gut durchbacken.

TORTILLAS

Weiter im Süden und in Mexiko, wo die Tortilla regiert, haben Kochsteine einen ähnlich mythischen Stellenwert wie die Gusseisenpfanne. Nachfolgend ein Bericht aus *Puttnam's Monthly* (1854) von einem amerikanischen Korrespondenten:

Tortillas stehen für das gewöhnliche mexikanische Brot. Sie sind aus Mais und dünn wie Pfannkuchen, denen sie dem Erscheinungsbild nach ähneln. Das Korn wird zuerst in Lauge aufgeweicht, bis es die Außenschale verliert, wonach man es gründlich mit Wasser abwäscht und für das Mahlen vorbereitet. Das Mahlgerät besteht aus einem flachen, leicht konkaven Stein und einem zylindrischen Stößel aus demselben Material. Eine Frau legt das vorbereitete Korn neben sich und zermahlt jeweils eine Handvoll, wodurch es matschig und weich wird. Danach kommt es in einen Trog und ist im Handumdrehen bereit für den Ofen.

RECHTS: *Mais (Zea Mais), dargestellt auf einer Chromolithografie, von einer Illustration aus* Köhler's Medizinal-Pflanzen *von Hermann Adolph Köhler, herausgegeben von Gustav Pabst, Koehler, Deutschland, 1887.*

Gramineae
(Andropogoneae)
E
3
1
2
B
8
6
7
A
C
D
4
5
Zea Mays L.

Eine Lithographie aus dem Ersten Weltkrieg: Die United States Food Administration versuchte die US-Amerikaner zum Kochen mit Mais zu bewegen, damit der Weizen zum Verkauf nach Europa exportiert werden konnte.

Borlottibohnen, Pintobohnen, weiße Bohnen und mehr. Man kennt mehr als 40 000 verschiedene Sorten, eine stattliche Reihe von Nährstofflieferanten, die auf dem Speiseplan vieler Kulturen weltweit zu finden ist.

Der Kürbis – das Wort stammt vom Volk der Narragansett – wurde zuerst von Roger Williams 1643 dokumentiert, einem Theologen, der die Kolonie von Rhode Island gründete und die indigenen amerikanischen Sprachen studierte. Die Archäologie kann den Nachweis erbringen, dass Kürbisse schon um 8000 v. Chr. angebaut wurden. Die uns bekannte Form ist ein Kennzeichen der frühen Moche-Kultur, die nördlich von Lima zur selben Zeit aufblühte wie das Römische Reich in Europa.

Der südamerikanische Kürbis wird oft mit Melonen verwechselt und sogar mit dem Marktkürbis, war jedoch auf den Kontinent beschränkt. Die Zucchini, bei denen die dünne Schale beinahe roh gegessen werden kann, gehören zu den von ihm abstammenden Sommergewächsen, wohingegen der Moschus-Kürbis, der Riesenkürbis und der Spaghetti-Kürbis zu den Wintergewächsen zählen. Die Ureinwohner haben auch den Samen gegessen oder ihn zu Paste oder Butter verarbeitet, und auch die jungen Keimlinge und die Blüten nahmen sie zu sich. Nichts wurde verschwendet.

ASCHE ZU TEIG

Der hoch aufragende Mais scheint zuerst eine weniger einsehbare Komponente des lebenswichtigen Trios zu sein. Doch wie bei anderen kulinarischen Notwendigkeiten – dem Pressen einer Olive zu Öl und der Herstellung von Wein – zeigten sich seine phänomenalen Eigenschaften hinsichtlich der Ernährung erst durch den Zwang der Ureinwohner, Nahrungsmittel haltbar zu machen. Sie verarbeiteten den Mais nach dem Konzept der Nixtamalisierung, abgeleitet aus dem aztekischen Wort Nextli für Asche und Tamale für Teig. Sie kochten den Mais in alkalischer Lösung, wodurch er vielseitig verwendbar wurde und sich das volle Spektrum der Nährstoffe freisetzte.

Der Mais trat einen schnellen Siegeszug rund um den Globus an. Die Spanier bauten ihn ab 1496 an und die Portugiesen führten ihn 1560 im Kongo ein. Der Anbau auf verschiedenen Böden und bei unterschiedlichen klimatischen Bedingungen verlief problemlos. Was aufgrund der Höhe und der Form des Mais als eine spektakuläre Kuriosität der Gärten begann, wurde schnell als eine unschätzbare neue Lebensmittelquelle für Mensch und Tier in Europa und Nordafrika anerkannt. 1575 tauchte der Mais in China auf und etablierte

DAS WUNDER DER NIXTAMALISIERUNG

„Las Tortilleras", eine von 50 Abbildungen in Carl Nebels Voyage pittoresque et archéologique dans la partie la plus intéressante du Mexique *(1836). Carl Nebel war ein deutscher Ingenieur, der von 1829 bis 1834 in Mexiko lebte. Seine als Lithografien erhältlichen Gemälde von Ureinwohnen waren überaus beliebt.*

Ohne die Nixtamalisierung hätten die Mesoamerikaner keine vollwertige Nahrung gehabt. Die Technik und die Kultur der Nixtamalisierung folgte den frühen Inka und Maya nördlich nach Mexiko und war als Zubereitungsverfahren anerkannt. Nachdem der Mais in einer alkalischen Lauge erhitzt wurde – für gewöhnlich besteht diese aus Calciumhydroxid und Asche –, ist das gebundene Niacin (Vitamin B3) ausgeschwemmt. Der Körper kann jedoch durch den Vorgang zusätzlich verfügbare Mineralien wie Calcium, Eisen, Kupfer und Zink aufnehmen.

Einige der chemischen Reaktionen geschahen unbeabsichtigt, allein durch die Zubereitung. Die Inkas kochten durch das Erwärmen des Topfs bis zum Siedepunkt und fügten heiße Steine zur Beschleunigung hinzu, an denen noch Asche anhaftete. Dadurch gelangte sie in den Mix. Da die Töpfe aus Ton bestanden, lösten sich hier Mineralien heraus. Das Verfahren der Nixtamalisierung wurde wahrscheinlich auch dadurch angestoßen, dass sich auf rohem Mais Schimmel bildete, womit diese Art der Lagerung entfiel. Besonders wichtig war jedoch die Gewinnung von Mehl. Nach dem Waschen und Trocknen konnte Mais in die alltägliche Ernährung integriert werden. Durch die Möglichkeit des Transports entstand bereits 2500 v. Chr. reger Handel durch ganz Südamerika bis hin zu den Olmeken in Mexiko.

Das Verfahren der Nixtamalisierung hätte wohl kaum einfacher sein können: Geben Sie zum Kochwasser einen Esslöffel Kalkwasser für ein Pfund Mais, kochen Sie das Ganze 15 Minuten lang und lassen es eine Stunde lang stehen. Mit sauberem Wasser abwaschen. Die auf dieser Basis zubereiteten Speisen – Fajitas, Tacos, Enchiladas, Tamales oder auch nur Maisgrütze – lassen sich direkt zu den prähistorischen Nahrungsmitteln in Südamerika zurückführen. Dieselbe Technik findet sich in Italien bei der Herstellung von Polenta – einen Tag lang in Wasser quellen lassen, Essig hinzufügen und über Nacht stehen lassen.

sich auch auf den Philippinen und den Ostindischen Inseln. Die ersten Siedler in Nordamerika stellten Maisbrot her, weil sie ein Nahrungsmittel haben wollten, das dem Weizenbrot zumindest ähnlich war. Verschiedene Rezepte der Zubereitung sind auf der ganzen Welt überliefert. Sie reichen von italienischer Plente über brasilianische Angu bis hin zu südafrikanischer Mehlspeise. Die verheerenden Auswirkungen einer Ernährung ohne Vitamin B3 blieben lange unerkannt, weil die Menschen B3 in anderen Lebensmitteln fanden.

Die ersten Siedler in Nordamerika stellten Maisbrot her, weil sie ein Nahrungsmittel haben wollten, das dem Weizenbrot zumindest ähnlich war.

ERNÄHRUNG AUF MAISBASIS

Im bearbeiteten Mais findet sich kein freies Niacin (Vitamin B3). Ohne dieses lebenswichtige Vitamin leiden Menschen, deren Hauptnahrungsmittel bearbeiteter Mais ist, an Mangelernährung. Sie erkranken schnell an Pellagra; zu den Symptomen gehören Halluzinationen, allgemeine Schwächung und körperlicher Verfall. In Italien wurde die Krankheit erstmals 1735 beschrieben. Dem Mais fehlen auch Aminosäuren, doch auf dem mesoamerikanischen Speiseplan stellte das kein Problem dar, da genügend Bohnen verzehrt wurden. Frauen litten allgemein häufiger an der Krankheit, da sie sich im Gegensatz zu den jagenden Männern weniger variationsreich ernährten. Man sah fehlende Aminosäuren als Ursache der Osteoporose an. In ärmeren und sich überwiegend von Mais ernährenden Regionen wurde die Bevölkerung ganzer Landstriche durch Mangelernährung und Krankheiten ausgelöscht. Dazu gibt es historische Aufzeichnungen in Frankreich, Italien und Ägypten, doch sie beschränken sich auf anfängliche Spekulationen. Pellagra trat nur in Gegenden mit Mais als zentralem Lebensmittel auf.

Bei der Plünderung der Samenvorräte der Karibik durch die Europäer hatte man die Bedeutung des Kochens und der Nixtamalisierung schlichtweg übersehen. Eine vergleichbare Unkenntnis war auch in den Südstaaten der USA nachweisbar. In den ersten Jahren des 20. Jahrhunderts trat dort eine schwere Gesundheitskrise auf. 1916 gab es in South Carolina 1130 Todesfälle aufgrund von Pellagra. Im darauffolgenden Jahr waren es 100 000! Auch in Alabama und Mississippi nahm die Verbreitung der Krankheit epidemische Ausmaße an. Während arme Weiße in den USA daran litten, zeigten die Armen in Mexiko – die auf dem ungefähr gleichen Breitengrad lebten – keinerlei Symptome. Joseph Goldberger, ein Einwanderer aus Ungarn, entdeckte 1914 die wahre Ursache der Krankheit. Er führte ein Experiment an elf Gefangenen in South Carolina durch und verabreichte ihnen nur Polenta. Innerhalb von zwei Wochen beklagten sie sich über Kopfschmerzen, allgemeine Verwirrtheitszustände und Appetitlosigkeit. Goldberger ergänzte dann den Speiseplan um Gemüse, Obst und weitere B3-Quellen, woraufhin sie sich erholten. Für das ihnen zugefügte Leid schenkte man ihnen die Freiheit. Worüber Goldberger zufällig stolperte und was er sich daraufhin zusammenreimte, war eine Erkenntnis, die die Inkas schon ein Jahrtausend zuvor gewonnen hatten: Menschen können nicht allein vom Mais leben. In der entwickelten Welt ist Pellagra selten, war jedoch in russischen Gulags häufig vorzufinden. In weniger entwickelten Regionen Afrikas und Asiens trifft man heute noch auf die Krankheit.

Die Europäer übersahen ein weiteres wichtiges Element der mesoamerikanischen Lebensmittelerzeugung, was bei der Einführung zu schweren Krankheiten und Todesfällen führte. Sie unterschätzten die Bedeutung des gemeinsamen Anbaus von Mais und Bohnen, damit genügend Aminosäuren zur Verfügung standen. Das führte zu einem traurigen medizinischen Phänomen, dem der jamaikanische Arzt Dr. Cicely Williams den Begriff Kwashiorkor verlieh, der von einem Ausdruck aus Ghana entlehnt ist, der „die Krankheit, die ein Baby bekommt, wenn ein neues Kind geboren wird" bedeutet. In notleidenden Gegenden Afrikas bekommen Babys über die Muttermilch Aminosäuren, doch die stehen ihnen nicht mehr zur Verfügung, wenn sie abgestillt werden und Nahrung mit einem hohen Kohlenhydratanteil erhalten. Der Körper kann somit keine Vitamine und Mineralien aus den Lebensmitteln mehr aufnehmen. Die Symptome sind bekannt und häufig in Auslandsreportagen zu sehen.

DIE MAIS-INVASION

Mais durchstreifte nicht nur die Geschichte, sondern umreiste auch die ganze Welt. Ein einfacher Maiskolben mit Butter auf einem Barbecue ist nur ein Nebenschauplatz der großen Bühne möglicher Nutzungsmöglichkeiten, die sich durch wissenschaftliche Forschung immens gesteigert haben. Nach dem Chemiker erstmals Mais in die Hände bekamen, schnellte die Zahl der daraus entstehenden Produkte sprunghaft in die Höhe, oftmals unerwartet.

ORIGINALREZEPT

TAMALES AUS GEMAHLENEM MAISMEHL

Bertha M. Wood, Ernährungsberaterin aus Boston, veröffentlichte dieses Rezept in *Foods of the Foreign-born: In Relation to Health,* 1922.

2 Tassen grobes Maismehl
4 TL Maisstärke
2 TL Salz
2 TL Backpulver
4 TL Schmalz
3½ Tassen heißes Wasser
½ Pfund Schweinefleisch
2 EL Erdnussbutter
1 Zwiebel und 1 Knoblauchzehe
1 Tasse Rosinen
25 Mandeln
3 TL roten Pfeffer
15 getrocknete Maisschalen

Nehmen Sie das Maismehl und mischen Sie es mit der Maisstärke, Salz, Backpulver und heißem Schmalz. Geben Sie das heiße Wasser dazu und schlagen sie alles mit einem Löffel auf, bis es einen sämigen Teig ergibt. 15 Minuten ziehen lassen. Dann das Schweinefleisch gar kochen. Vermengen Sie die Erdnussbutter, die Zwiebel und den Knoblauch, die Rosinen, Mandeln und den roten Pfeffer in einem anderen Topf und lassen es kochen, bis es sämig wird. Streichen Sie den Teig mit einem Löffel auf Maisblättern aus. Darauf geben Sie einen Teelöffel der Soße und obendrauf wieder Teig. Dann die Blätter zusammenrollen und 25 Minuten garen lassen.

Die bei der Jagd oder auf Feldzügen leicht zu transportierenden Tamales sind angeblich schon vor den Tortillas entstanden. Funde deuten auf das Jahr 8000 v. Chr. hin, von dem an sich die Herstellung in ganz Südamerika ausbreitete. Sie konnten natürlich mit unterschiedlichem Fleisch oder Gemüse zubereitet werden, doch für das Aztekenfest Atamalqualitzli wurden sie ohne Beilagen gegessen. Die vornehmlich Mais verzehrenden Azteken, die Mayas, die Olmeken und die Toiteca betrachteten sie als heilige Nahrung.

Ein anderes Maisrezept – Pozole – hat eine düstere Vergangenheit. Laut dem Missionar Bernardino de Sahagún, der die Neue Welt 1529 besuchte, stammte das Fleisch damals von Menschenopfern und wurde aufgrund des ähnlichen Geschmacks später durch Schweinefleisch ersetzt. Nach Erklärung der Mesoamerikaner hatte Gott die Erde aus Mais und Fleisch gemacht und ein Menschenopfer brachte den Segen.

Bernardino de Sahagún verbrachte Jahrzehnte mit dem Studium des aztekischen Lebens und publizierte ab 1540 den Codex Florentinus. *Im Bild ist oben eine Frau zu sehen, die den Mais wegen der Angst vor dem Feuer in den Topf bläst. Darunter sieht man Frauen und Männer beim Verzehr von Tamales.*

Das alles begann mit dem riesigen Überfluss eines durch Düngemittel ergiebigeren Anbaus.

1882 waren in den USA 250 000 km^2 dem Mais vorbehalten, 20 Jahre später hatte sich die Fläche auf 380 000 km^2 vergrößert und 1910 auf ungefähr 450 000 km^2. Damals brachte ein durchschnittliches Feld einen Ertrag von 300 kg Mais. Fortschritte in der Chemie in den Vierziger- und Fünfzigerjahren führten zu einer Zunahme auf 4200 kg. Ab den Sechzigern wurde Mais als – Sie ahnen es sicher schon – Tierfutter verwendet, meist zur Mast von Schweinen und Hühnern für die Fast-Food-Explosion. Doch im Jahr 2000 hatte sich die an Tiere (und auch uns) verfütterte Maismenge um die Hälfte reduziert. Auf Mais basierende Nebenprodukte wie Isolierungen, Kleber, Explosivstoffe, Farben, Medizin, Lösungsmittel und sogar Seife fanden ihren Weg in das Alltagsleben. Wissenschaftler haben die Berechnung aufgestellt, dass Mais in mittlerweile mehr als 5000 Produkten der täglich im Supermarkt angebotenen Marken enthalten ist oder zumindest bei deren Herstellung eine Rolle spielt.

DIE INDUSTRIELLE VERARBEITUNG VON MAIS

Mais bleibt ein wichtiger Bestandteil unserer Ernährung, nicht zuletzt durch das beim Kochen oft verwendete Maisöl. Auch wird es durch die Hydroxylierung zu Maissirup weiterverarbeitet, um kohlensäurehaltige Drinks zu süßen. Darüber hinaus ist er eine Quelle der Fructose, womit Mais als Ersatz für Zucker aus Zuckerrohr in der Ernährung dient. Als Alkohollieferant stellt er die Grundlage für Whisky bzw. Bourbon dar. Aktuell wird Mais in Äthanol umgewandelt und zur Herstellung von umweltschonenderem Treibstoff genutzt. Gemahlener Mais lässt sich in verschiedene Kategorien einteilen: Grob gemahlen für zum Beispiel Cornflakes, feiner gemahlen für das Backen etwa von Maisbrot und sehr fein gemahlen für Pfannkuchen, Donuts und sogar Säuglingsnahrung.

(Eine kleine Nebenbemerkung: Das Wort Mais stammt von dem Taino-Wort Maiz und ist der gebräuchlichste Begriff. In Nordamerika wird Mais mit „Corn“ (engl. eigentlich der Oberbegriff für Getreide) gleichgesetzt, wogegen weltweit damit allgemein Getreide gemeint ist. „Corn“ bedeutet jedoch in England Weizen und in Schottland und Irland Hafer. In biblischen Zusammenhängen bezieht sich das Wort „Corn“ höchstwahrscheinlich auf Weizen oder Gerste.)

Amerika ist das größte Anbauland von Mais und produziert zweimal so viel wie die in der Reihe folgenden neun Länder. Die USA nehmen eine Ausnahmestellung im Hinblick auf genetisch modifizierte Maissamen ein, um ihr kommerzielles Monopol weiter abzusichern und die Weltmärkte an sich zu binden. Die Flüssigkeit, in der Mais als Teil des industriellen Prozesses eingeweicht wird, ist reich an Säuren, Hefe und Gluten. In den 1940er-Jahren fand man heraus, dass sie das perfekte Medium zur Penicillin-Herstellung ist. Das nach dem Mahlvorgang verfügbare Endosperm wird zu Maisstärke verarbeitet, dem Hauptbestandteil biologisch abbaubaren Plastiks. Vergessen darf man auch nicht die Weiterverarbeitung mit ein wenig Glucose, woraus Maissirup entsteht, ein in vielen Softdrinks zu findender Süßstoff. Mais findet sich zudem in Ketchup, Kaffeeweißer, in Feuerwerkskörpern und sogar im Rasierschaum. Die vielen Gebäcksorten, die unsere Großmutter noch selbst herstellte, basieren auf Mais. Sogar die Farbe!

Die vielen Gebäcksorten, die unsere Großmutter noch selbst herstellte, basieren auf Mais. Sogar die Farbe!

Die industrielle Weiterverarbeitung hatte alle Aspekte des modernen Lebens durchdrungen. Natürlich setzt das einen Hang zu Marshmallows und Fettgebäck voraus, da die einst vollwertige der drei Schwestern sich in Mrs Fast Food verwandelte. Oftmals sind es aber die gesättigten Fettsäuren, die uns zunehmend fettleibig werden lassen. Hinsichtlich des Nährwerts wird Mais allgemein höher eingestuft als Schmalz oder Butter, was eventuell stimmt, ausgenommen, es wird zur längeren Haltbarkeit hydroxyliert, wobei aus den ungesättigten Fettsäuren gesättigte entstehen. Der Mais hat aber auch eine weitere tragende Rolle in der Geschichte der amerikanischen Nahrungsmittel gespielt, denn wir sind nicht die einzige Spezies, die ihn mag: Den Schweinen geht es ebenso.

Wenn die Algonquin ihr Wissen nicht mit den ersten Siedlern geteilt hätten, hätte die Geschichte einen anderen Verlauf genommen. In anderen Ländern fanden die Seefahrer keine so ausgeprägte Freundlichkeit vor. Und sie ließen sich auch nicht nieder.

SUCCOTASH: DIE KOST DER UREINWOHNER

Verschiedene Maissorten auf einem Sonntagsmarkt in Pisac, Peru. Man geht davon aus, dass der Mais aus dem Hochland Südmexikos stammt (vor circa 9000 Jahren) und 2000 Jahre später seine Reise nach Zentralamerika antrat und in einer zweiten Welle vor 2000 Jahren nach Peru.

Succotash – abgeleitet von dem Wort *msickquatash* der Algonquin für gebrochenen Mais – wird fälschlicherweise oft als ein schleimiges Essen der Ureinwohner abgetan, das aus überkochtem Mais und Bohnen bestand. Die Berichte früher Reisender lassen jedoch eher ein komplexeres Mahl vermuten, mit frischem und getrocknetem Fleisch, Fisch und Schalentieren, Gemüsewurzeln, Samen und Nüssen, Letztere oft zu einem Mehl zum Andicken gemahlen. Laut L. Carvers Bericht *Travels in the Interior* (1778) war es so häufig wie Brot anzutreffen. Eine der ersten Handlungen eines nomadischen Stamms war sicherlich, einen Topf aufs Feuer zu stellen. Der Autor zählt Kastanien auf, Pinienkerne, Wurzeln, Kürbis und Walnüsse. Eine weitere wichtige Zutat waren Sonnenblumensamen, die aber erst 1921 bei Frank Hamilton Cushing Erwähnung finden. Einigen Beschreibungen nach galten Bärenfleisch und -fett als köstlich.

Spätere Generationen habe weitere Ingredienzien hinzugefügt, die in den Gärten wuchsen, wie Tomaten, Pfeffer, Zucchini und natürlich Kürbis. Kürbis setzte sich später zum Thanksgiving in Form des Kürbiskuchens durch.

Das erste Rezeptbuch erschien zu Beginn des 19. Jahrhunderts. Allerdings verfügte man zu der Zeit nicht über genügend Lagerraum für alle Zutaten, und noch wichtiger war, dass sich das Kochen im Inneren der Häuser abspielte. Feine Damen eigneten sich eben nicht mehr zur Nahrungssuche.

Es muss zwei unterschiedliche Rezepturen für Succotash gegeben haben. Im Sommer standen frische Bohnen und Mais zur Verfügung, was eine bestimmte Nähe zum heutigen Salat andeutet, wohingegen das Gericht im Winter mit getrocknetem Mais und Bohnen aus dem Vorrat gekocht wurde. Möglicherweise wurde es so lange gekocht, bis eine härtere Masse entstand, die man schneiden und mit zur Feldarbeit nehmen konnte.

Frühe Rezepte deuten auf die Zugabe von gesalzenem Schweinefleisch hin, was aber nicht unbedingt notwendig sein muss. Hier ist so ein Rezept aus dem *Republican Compiler* aus New England (1853):

> Kochen Sie die Maiskörner, die Bohnen und das Schweinefleisch 15 Minuten. Danach sollte nur noch so viel Wasser im Topf sein, dass das Gericht nicht anbrennt. Servieren Sie das Schweinefleisch auf einem flachen und das Succotash in einem tiefen Teller.

KAPITEL

3

ES LEBE DAS SCHWEIN

Eine historische Liebe

1
1/8 n. s.
1. a
2. b
2
1/9 n. s.
2. a
3
3. a
1/8 n. s.

DER GENTLEMAN, DER SEINE MIETE BEZAHLTE

Kolumbus segelte mit Schweinen, bei der zweiten Reise hatte er acht dabei. Sie dienten als Quelle für Frischfleisch und gesalzenen Speck. Man könnte sie als die Vorfahren aller Schweine in Amerika bezeichnen, doch das würde die Geschichte überstrapazieren.

In den meisten Berichten wird die Bekanntschaft Nordamerikas mit dem Schwein dem brutalen und zermürbenden Marsch von Hernando de Soto durch Florida in den Mittleren Westen 1539 zugeschrieben, bei dem seine halbe Armee umkam. De Soto, erster Gouverneur von Kuba, hatte 200 Schweine von Spanien mitgebracht und kam laut manchen Angaben mit nur 13 im Norden an. Einige Tiere waren unterwegs geschlachtet worden, andere wurden verschenkt, um feindselige Indianerstämme zu besänftigen. Zum Zeitpunkt seines Todes rannten 700 Schweine wild durch die Sümpfe. Nachfahren dieser verwilderten *Razorbacks* soll es angeblich noch auf Ossabow Island vor der Küste Georgias geben. Eine genetische Verbindung lässt sich zum Iberischen Schwein *(pata negra)* von Südspanien herstellen. Anscheinend liebte das Schwein Amerika so sehr, wie die Amerikaner das Schwein mochten. Auch sprachlich lässt sich eine Beziehung zwischen dem Schwein und den Forschungsreisen nachweisen. Die Arawak, die den zentralen Osten Amerikas bevölkerten – von der Karibik bis nach Brasilien –, benutzten das Wort *Buccan* für ein Rahmengestell zum Fleischrösten. Die Franzosen änderten es zu *Boucanier* und die Engländer zu *Buccaneer*.

Die ersten Karacken hatten immer Schweine mit an Bord, denn die vermehrten sich schnell. Eine trächtige Sau konnte innerhalb von vier Monaten bis zu zehn Ferkel auf die Welt bringen. Das Fleisch, vorausgesetzt, man salzte es, sorgte für einen monatelangen Vorrat an Schinken und Speck. Bei der Gründung einer Kolonie wurden die Tiere freigelassen und später gejagt. Bevor sich Menschen auf einer entlegenen Insel niederließen, setzten sie zuerst Schweine als „Erstbesiedler" auf dem neuen Terrain aus und segelten dann weiter. Bei der Rückkehr wussten die Siedler, dass genügend Fleisch auf sie „wartete".

LINKS: *Wildschweine waren manchmal gefürchtet: Berichte von Angriffen auf Menschen reichen bis in die Steinzeit zurück. In der griechischen Mythologie wurde Adonis von einem Schwein getötet. Hier ein Kupferstich aus dem 19. Jahrhundert: ein Weißbartpekari, ursprünglich aus Zentral- und Südamerika, ein Warzenschwein aus dem frühen Rom und ein Tier, das lediglich als „wild" beschrieben wird.*

Wenn sich irgendwo auf der Welt eine leicht erreichbare Nahrungsmittelquelle findet, ist das hocherfreute Schwein nicht weit entfernt. Ob sie sich süße Kartoffeln auf Neuguinea einverleiben, Kokosnüsse in Polynesien, Gerste in Dänemark oder Mais in den USA – Schweine haben den Bogen raus, sich an den vom Menschen weggeworfenen Lebensmitteln zu laben. Somit fanden sich alle Voraussetzungen für die neuen Territorien. Nicht umsonst kennt man das Schwein in Großbritannien als „den Gentleman, der die Miete bezahlt". Eine Sau bekam genügend Junge, sodass man mit dem kostbaren Fleisch nicht nur die Miete bezahlen, sondern auch eine Familie ernähren konnte.

DIE HERDE DES HEILIGEN ANTONIUS

Wildschweine *(Sus Scrofa)* waren im Mittelmeerraum schon seit 8000 v. Chr. bekannt und gehörten wahrscheinlich zu den ersten Tieren, die man domestizierte. Archäologische Funde lassen vermuten, dass sie sogar noch vor dem Anbau von Weizen und Gerste gehalten wurden, was der Überlieferung widerspricht, dass Schafe und Ziegen die ersten Zuchttiere der Menschen gewesen seien. In China reichen die Aufzeichnungen bis circa 4300 v. Chr. zurück. Zwischen Schweinen und Menschen bestand ein enger und förderlicher Zusammenhang. Das neugierige Wildschwein wurde vom Müll der Siedlungen angezogen, von dem es sich ernährte, und schützte diese mit hoher Sicherheit vor größeren Raubtieren. Bei alten chinesischen Schriftzeichen wird das Haus mit einem Schwein unter einem Dach symbolisch dargestellt.

Für die frühen Bewohner Ägyptens, Spaniens, Griechenlands und Roms spielte das Schwein eine wichtige Rolle bei religiösen Opferritualen.

Die römischen Legionäre führten auf ihrem Vormarsch in den Norden Schweine mit sich. Sie züchteten zwei Rassen: ein großes Tier mit Schlappohren, geschätzt wegen des hohen Fettanteils, und ein kleineres mit hochstehenden Ohren für das Fleisch an sich (Zuchtbetriebe, wie wir sie heute kennen, entstanden erst im 18. und 19. Jahrhundert). Diese frühen Rassen werden meist mit langen Beinen, kleinen Ohren, einer kleinen Schnauze und mit flachem Nacken und geradem Rücken dargestellt.

Schweine stehen mit dem Menschen nicht in Konkurrenz: Sie suchen nach Eicheln, Haselnüssen, graben mit ihren kräftigen Schnauzen Pilze aus, Wurzeln und sogar kleine Tiere. Schweinefleisch war das Gericht im späten Herbst. Speck und Schinken wurden dann für den Winter gelagert. Als sich größere Städte gründeten, erwiesen sich Schweine erneut als hilfreich, da sie „freiwil-

Diese gotische Miniatur aus der Universitätsbibliothek im spanischen Granada stammt aus einem Medizinbuch, das auf einem Text von Ibn Butlan (11. Jahrhundert) basiert. Es zeigt Schweine beim Fressen von Eicheln, eine auch heute noch aktuelle Fütterungspraxis bei der Herstellung von Iberico-Schinken.

lig“ den organischen Müll und auch die Fäkalien entsorgten. Paris verlieh dem Antoniter-Orden – den Mönchen des heiligen Antonius, des Schutzheiligen der Schweinehirten – das Vorrecht, die Tiere innerhalb der Stadtmauern zu halten. Einige dieser Schweine erreichten innerhalb von zwei Jahren das unglaubliche Gewicht von 450 kg.

Das Schweinefleisch als Bestandteil der Ernährung wird jedoch kontrovers gesehen. Während es in einigen Teilen der Welt einen Eckpfeiler darstellt, wird es in anderen völlig abgelehnt. Weder in der muslimischen Welt wird es verzehrt noch von den Juden oder Buddhisten. Auch die Bibel verbietet es, genau wie Mohammed. Möglicherweise spielt dabei das heiße Klima eine Rolle, in dem die Fleischlagerung schwierig war. Zudem essen wir nur selten Tiere, die sich selbst vom Fleisch ernähren (wie das Schwein), und in dieser Hinsicht ist es „unrein“. In China teilt man solche Bedenken nicht, und auch nicht in Dänemark, wo mehr Schweine als Menschen leben und Frühstücksspeck für ganz Europa hergestellt wird.

Die Blütezeit des Schweins lässt sich auf das 11. und 12. Jahrhundert datieren, wo man die Tiere zur Futtersuche die europäischen Wälder durchstreifen ließ. Im Mittelalter eignete sich ihr Fleisch zur Lagerung als gepökelter oder geräucherter Schinken. Langsam wurde jedoch ihre Vorherrschaft zurückgedrängt, da das Lieblingstier der kleinen Pächter den Baumbestand der Großgrundbesitzer beschädigte. Darüber hinaus setzte sich ab 1250 die Schafhaltung in Großbritannien durch. Die hohe Wollqualität der britischen Schafe verringerte die Bedeutung der Schweinezucht.

Aufzeichnungen nach brachte der spanische Eroberer Francisco Pizarro 1531 Schweine von der Karibik mit zu einer Expedition in die Anden, also noch vor de Soto in Nordamerika. Die langbeinigen und flinken Tiere dienten als Nahrungsquelle im Inland. Angeblich setzte Kolumbus acht Schweine auf Hispaniola aus, wo sie sich stattlich vermehrten und auf Expeditionen nach Mexiko mitgeführt wurden, nach Panama, Kolumbien und allen dazwischenliegenden Inseln.

SCHWEINE-KÖNIGE

Die ersten Siedler führten Schweine mit sich. Um 1660 schnellte die Population der Tiere in Pennsylvania hoch bis in die Tausende. Farmer hielten meist vier oder fünf Tiere zum Eigenbedarf und verkauften den darüber hinausgehenden Bestand verarbeitet als gesalzenes Fleisch in Fässern. Zur optimalen Mästung fütterte man die Tiere mit Mais. Zuerst liefen sie frei herum, doch das änderte sich, als die Farmer sich nicht nur vor plündernden Indianern verbarrikadieren mussten, sondern auch vor plündernden Schweinen, die die Ernte fraßen oder zertrampelten. In New York musste jedes Schwein mit einem Stockmaß von über 35 cm per Dekret zum leichteren Einfangen einen Ring in der Nase tragen. Der Name Wall Street kann sprichwörtlich genommen werden, da die New Yorker Mauern errichteten, um die Schweine fernzuhalten. Pferde, Hühner und Kühe gehörten zu den Siedlungen, da sie einen alltäglichen Nutzen hatten, doch das Schwein hielt man besser auf Distanz. Im 18. Jahrhundert, als der Aufbruch gen Westen stattfand, nahmen die Siedler Ferkel mit, untergebracht in Holzkisten und befestigt an den Achsen der Planwagen.

Vor dem Bürgerkrieg war das Schwein – wie auch häufig in Europa – zu bestimmten Zeiten im Jahreskreis anzutreffen. Wenn die Herbstbäume ihre Früchte fallen ließen, wie Buchen, Eicheln oder Walnüsse, begann für die

Eine „Schweineografie" im Auftrag von William Emerson Baker (1876). Hier werden die Vereinigten Staaten in Form eines Schweins dargestellt, umgeben von anderen Schweinen, die die Einzelstaaten repräsentieren. Kuba ist als Wurst und Kanada als Borsten zu sehen.

DIE HERSTELLUNG VON RIPPCHEN

Vier Szenen der Fleischverarbeitung: Schlachten, zerlegen, Fett auslassen und salzen. Ein Plakat der Cincinnati Pork Packers' Association, 1873.

Die Barbecue-Tradition hat eine lange globale Geschichte, die nicht erst in den USA ihren Anfang nahm. Instruktionen lassen sich sogar schon in der Bibel finden: „Trage nur viel Holz her, bring das Feuer zum Lodern, koche das Fleisch gar und gieß die Brühe aus, dass die Knochen anbrennen" (Hesekiel 24,10). Dennoch wird es von Etymologen der Neuen Welt zugeschrieben – als Variation des Wortes Barbacoa der Arawak.

Kolumbus und andere frühe Entdecker begegneten Ureinwohnern, die über einem Holzrost kochten und ähnliche Konstruktionen für ihre Schlafstätten nutzten, um sich Insekten und Schlangen vom Leib zu halten. Daraufhin betrachtete man das Barbecue als die üblichste Kochmethode der Mesoamerikaner. Der deutsche Soldat und Forscher Hans Staden stellte 1555 in Holzschnitten die Zubereitung auf einem Barbecue über offenen Flammen dar. Es befand sich vier Handbreit über dem Boden, „auf niedrigen Holzpfählen mit einem kleinen Feuer darunter. Man ließ das Fleisch rösten und räuchern, bis es trocken wurde".

Der Begriff für die Zubereitungsweise erschließt sich linguistisch: Er wurde von „Spear Ribs" abgleitet, also vom deutschen Wort „Rippenspeer", und dann zu Spareribs umgewandelt. Der Essig im Dressing oder in der Marinade deutet auf den Einfluss der Pioniere hin, wie auch der Senf und die Melasse. Es ist eine weitere kulturelle Verschmelzung, und zwar eine mit sehr deutscher Prägung.

Der italienische Einfluss auf die Nahrungszubereitung setzte erst später ein.

Tiere das Festmahl. Im Herbst lebten sie wie die Schweine-Könige. Doch beim ersten Frost trieb man sie zum Schlachten zusammen, oftmals eine Gemeinschaftsaktion, an der das ganze Dorf teilnahm. Die harte Arbeit und die großen Utensilien wie überdimensionierte Pfannen, um Speckschichten in Kochfett zu verwandeln, wurden von allen geteilt. Der soziale Aspekt sollte nicht unterschätzt werden, denn bei der Vorbereitung auf den Winter nach Einbringen der Ernte kamen die Familien zusammen. Einige Schweine wurde allerdings auf Märkten verkauft, damit der örtliche Steuereintreiber auf seine Kosten kam, der weder Schweine noch Kartoffeln als Währung anerkannte.

LÄNDLICHE GEHEIMNISSE

Das Schwein kann komplett verwertet werden. Sogar die Borsten wurden zu Pinseln verarbeitet und die Pfoten zu Leim. Die Landbevölkerung verzehrte die Leber, die Nieren und die Milz noch am Tag des Schlachtens und aus dem Blut wurde Wurst gemacht. Das Fleisch wurde entweder feucht oder – häufiger – trocken gesalzen. Eine Ansiedlung in Seenähe oder nahe an inländischen Salzminen bedeutete für die Dorfbewohner einen kommerziellen Vorteil. Sie beschafften sich nämlich mühelos Konservierungsstoffe wie Pottasche oder Salpeter. Das Fleisch wurde in einen Tontopf gelegt, mit Salz, Gewürzen und Zucker bedeckt, dann zur Reifung vier Tage lang versiegelt, wonach man es aufwärmte, abkühlen ließ und den Prozess wiederholte. Vor dem Kochen entsalzte man das Fleisch durch Wässern. Eine gewisse Mrs Lettice Bryan gab in ihrem Rezeptbuch *The Kentucky Housewife* (1839) den Ratschlag, „[das Fleisch] mit viel Wasser zu kochen, geeignetem Gemüse wie Kohl, grünen Bohnen, getrockneten Bohnen, Erbsen …"

Die Herstellung von Schinken stellte keine leichte Aufgabe dar, wie Angelina Simmons in *American Cookery* (1796) erklärte:

> Geben Sie zu jedem Schinken 30 g Salpeter, ein Pint Meersalz und ein Pint Melasse. Sechs bis acht Wochen lagern. Beträufeln Sie täglich jede Portion mit Branntwein.

Der Schinken wurde danach entnommen und drei Wochen lang über leicht schwelendem Haselnussholz und Malz geräuchert.

Einfache Rezepte blieben schlicht: Das Fleisch kam auf den Grill. Das spiegelt die Tatsache wider, dass Schweinefleisch hauptsächlich von der ländlichen Bevölkerung oder in Landgasthäusern verzehrt wurde. Weder beachteten es die Küchenchefs noch sah man es als hochwertiges Lebensmittel. In den Küchen der höheren Gesellschaft landeten eher größere Tiere, Schwein hingegen zählte überwiegend zur ländlichen Kost, war der geheime Genuss auf dem Land und dort ein selbstverständlicher Teil der Wirtschaft. Im Rahmen ihres Rezepts zu gebratenem und gesalzenem Schwein mit Äpfeln klagte Lydia Maria Child 1838: „Es ist ein bevorzugtes Gericht auf dem Land, aber in der Stadt wird es kaum beachtet."

EIN ENTWURZELTES LEBEN

Der Bürgerkrieg veränderte Amerikas Beziehung zum Schwein. Vorrückende Truppen zerstörten die Zäune entlang der Ostküste, die die Schweine in einem bestimmten Gebiet hielten. Eine Armee musste ernährt werden. Die Kavallerie der Südstaaten zerstörte Farmen, plünderte Speisekammern und riss die Holzpfosten der Zäune aus dem Boden, um damit Feuer zum Kochen zu machen und sich warm zu halten. Hätte es sich nur um die von ihnen gestohlenen Schweine gehandelt, wäre das historisch kaum von Belang gewesen, da sie ersetzt werden konnten. Was nicht ersetzt werden konnte, war die mithilfe von Einzäunungen errichtete Infrastruktur und die mit ihr verbundenen Lebensentwürfe der Menschen. Das ländliche, dörfliche Leben gehörte zum Lebensstil der Südstaaten. 1860 gab es 360 000 Schweine in Virginia und North Carolina. Zehn Jahre später, also nach dem Frieden, hatte sich die Zahl halbiert und stand 1920 noch unter den Angaben von 1860.

Der Bürgerkrieg veränderte Amerikas Beziehung zum Schwein. Vorrückende Truppen zerstörten die Zäune entlang der Ostküste, die die Schweine in einem bestimmten Gebiet hielten. Eine Armee musste ernährt werden.

Aus dem Pragmatismus des Krieges erwuchsen die moderne Landwirtschaft und das Fast Food. Lebensmittel mussten „militarisiert" werden, also leicht und schnell verfügbar sein. Nach dem Bürgerkrieg sahen wohlhabende Farmer die Möglichkeit eines weitläufigeren Anbaus von Feldfrüchten und damit des Profits. Tiere sollten von nun an auf kleinerem Raum gehalten werden. Für das Schwein bedeutete es das Ende der Freiheit.

HOT DOGS UND DIXIE SLAWS

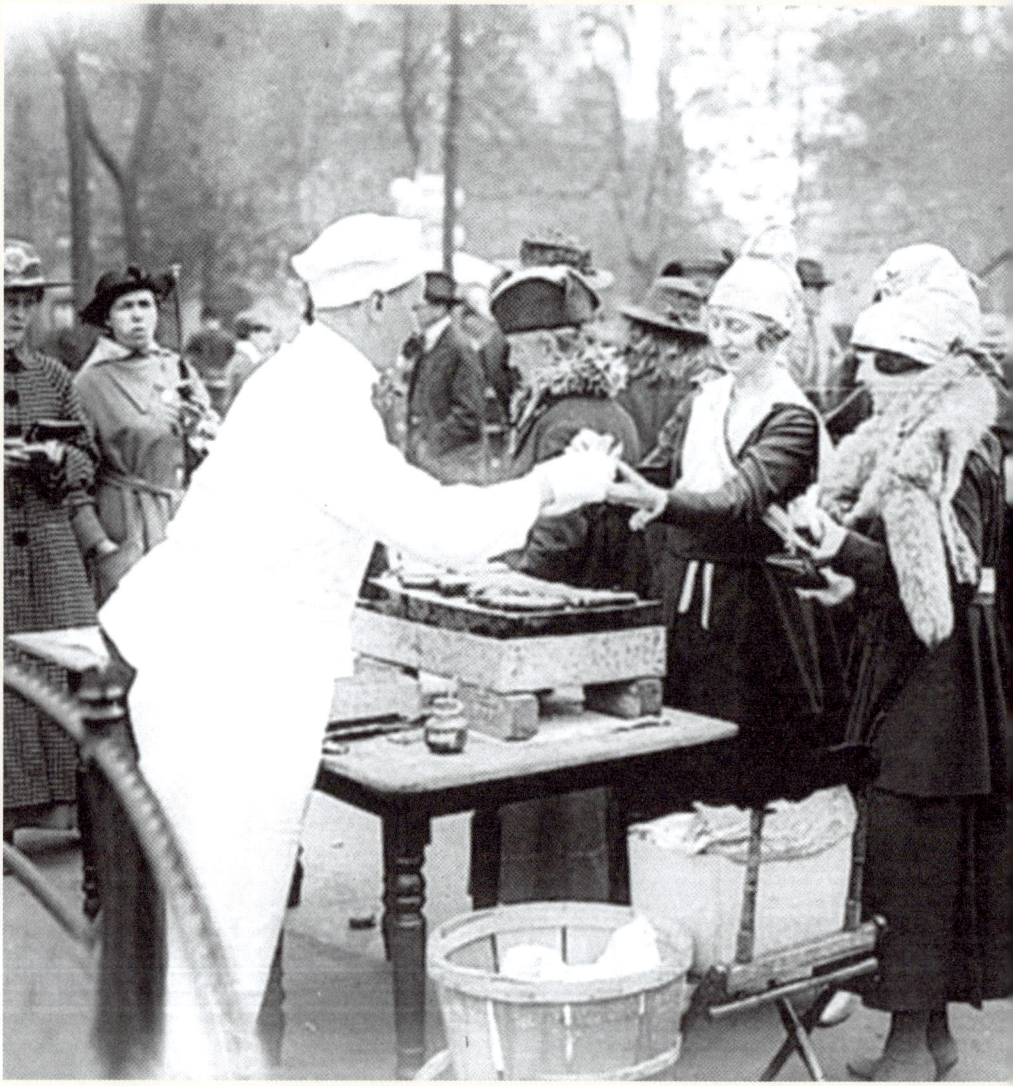

Ein Hot-Dog-Stand bei der Greenwich Village Garden Party, New York City 1917. Der Erlös ging nach dem Eintritt der USA in den Ersten Weltkrieg an das Rote Kreuz und andere Hilfsorganisationen.

Die Industrialisierung der Fleischproduktion nach dem Bürgerkrieg brachte eine Vielzahl von Gerichten mit sich, an denen sich die Liebe der Amerikaner zum Schweinefleisch zeigt: Schweinerippchen, Schmorbraten, Philly-Cheesesteak-Burger, Schinken-Double-Cheeseburger, das Schinken-und-Käse-Sandwich, Eier mit Schinken und schließlich den McRib; das Fleisch wird Hickory-geräuchert, gegrillt, im St.-Louis-Stil oder als Pulled Pork.

Der schräge marktschreierische Sprachstil, der sich in der Benennung der Fleischprodukte durchsetzte, wurde in Iowa und später in North Carolina geprägt. Die Rezepte stammten größtenteils aus Europa, wurden meist von Emigranten kreiert, welche die Vorlieben ihrer neuen Heimat mit den mitgebrachten Elementen ihrer eigenen Kultur verschmolzen. Die Polen brachten die Kielbasa, die Italiener ihre Mortadella und die Deutschen ihre Bratwurst. Nicht zu vergessen die Wiener Würstchen, aus denen Bean Dogs wurden, Dixie Slaws, Michigans, Red Hots, Rippers, Saugys, Sonorans, Texas Wieners und White Hots. Viele dieser kulinarischen Legenden traten zuerst auf Volksfesten in Erscheinung und fanden sich daraufhin beim Einzelhändler zum sofortigen Verzehr wieder oder später in einem Diner. Die besten Ideen verbreiteten sich mit rasender Geschwindigkeit, womit eine konkrete Zuschreibung des „Erfinders" schwerfällt.

Der Hot Dog hieß aufgrund der Form ursprünglich Heißer Dachshund. Angeblich geht der Name auf Johann Georg Lahner zurück, einem Metzger aus Coburg, der ihn um circa 1800 in Frankfurt verbreitete. Die Stadt widerspricht der Behauptung und datiert den Ursprung auf das Jahr 1487, fünf Jahre vor Kolumbus' Reise. Die Wiener beanspruchen die Würstchen-Benennung nach ihrer Stadt, und wer nun das Frankfurter Würstchen „erfand", ist schwerlich herauszufinden. 1871 eröffnete der deutsche Metzger Charles Feltman einen Hot-Dog-Stand auf Coney Island und setzte während seines ersten Geschäftsjahrs 3684 „Dachshund-Würstchen" in Weißbrot ab. Das wichtigste Merkmal war, dass die überwiegend Deutschen die Würstchen mit einem Brötchen zu sich nahmen. Der deutsche Besitzer eines Franchise-Unternehmens führte den Hot Dog zwei Jahre später bei Baseballspielen der St Louis Browns in den Stadionverkauf ein.

Der arme Dachshund wurde Anfang des 19. Jahrhunderts aus der Bezeichnung gestrichen, womit der Hot Dog übrig blieb. Einige New Yorker verstanden die Anspielung nicht und fragten sich ernsthaft, ob sie wohl tatsächlich Hundefleisch zu sich nahmen.

Die Tiere nach dem Chaos des Bürgerkriegs zu transportieren war nicht einfach. Viehtreiber erledigten die Aufgabe zu Fuß und legten täglich eine Strecke von fünf bis acht Meilen mit hundert Tieren zurück. Cincinnati – oder „Porkopolis", wie man es zeitweilig nannte – war der bedeutendste Zielort. Ein Farmer aus Kentucky, der anscheinend genügend Zeit hatte, zählte 1835 die an seiner Haustür vorbeiziehenden Tiere: 4716 Pferde, 1951 Maultiere, 2485 Rinder, 2887 Ferkel, 1320 Schafe und tatsächlich 69 187 Schweine.

Die Eisenbahn beschleunigte den Wandel. 1887 führten Swift & Co. den mit Eis gekühlten Waggon ein. Nun mussten die Schweine nicht mehr zu Märkten getrieben werden, sondern wurden vor Ort geschlachtet und danach als fertiges Fleischprodukt transportiert. Chicago, Kansas City und Sioux City entwickelten sich zu den wichtigsten Umschlagplätzen für Schweinefleisch. Es gab eine weitere Erklärung für diese Konzentration: Im Mittleren Westen wurden hauptsächlich Mais und Getreide angebaut, woraufhin die Schweine folgten und aus Iowa „Porkiowa" wurde.

LAGERUNG UND KOMMERZIALISIERUNG

Eine Zeitleiste der Entwicklung von Schweinefleisch als Lebensmittel lässt sich noch deutlicher in Großbritannien aufzeigen. Züchter, besonders in Essex, importierten begeistert Schweine aus Asien und Italien, um den einheimischen Bestand zu diversifizieren. Essex war damit die erste ländliche Region, die die Tiere nach dem Ausladen an den Londoner Docks erblickten.

Weiter westlich wurde Calne in Wiltshire im Zusammenhang mit Schweinefleisch bekannt, da es an der Durchfahrtsstraße zwischen London und Bristol lag. 1847 schickte der ortsansässige Metzger John Harris seinen Sohn George nach Amerika, um sich auf den neusten Stand bringen zu lassen. George kehrte mit der Nachricht über eine neue Erfindung zurück – die Kühlung mit Eis. Als clevere Geschäftsleute nutzten die Harris' den Vorteil, Fleisch mithilfe von Eis problemlos in die Hauptstadt und zu anderen Städten liefern zu können, und die damit verbundenen günstigeren Zubereitungsbedingungen. Zur Fleischlagerung über den Winter mussten früher Unmengen von Salz eingesetzt werden (für den heutigen Gaumen ein Graus), doch bei entsprechender Kühlung reduzierte sich der Anteil erheblich. Damit war die Wiltshire-Zubereitung geboren. Schon bald war der Speck in Bath und weiteren Städten beliebt.

Innerhalb von zehn Jahren hatte die Familie Harris eine Eisenbahnstrecke gebaut, um ihre Produkte nach London und Bristol zu verfrachten. Angeblich

Der Landadel war oftmals stolz auf seine Tiere und beauftragte anerkannte Künstler, um sie zu malen. Das niedliche Gloucestershire Old Spot wurde um 1800 von James Ward porträtiert, einem der herausragendsten britischen Maler der Zeit, bekannt für seine ausladenden Landschaftsdarstellungen. Yale Center for British Art, New Haven.

produzierten sie täglich 1,5 Meilen Würste und exportierten schon bald Speck in die USA.

KÄSE UND PUBS

Die Schweinezucht siedelte sich meist in der Nähe von Industriebetrieben mit nahrhaftem Abfall an die Brauereien in Battersea und Vauxhall ernährten zum Beispiel Herden von mehr als 9000 Schweinen für den Londoner Markt. Die Namen vieler britischer Pubs spiegeln diese Verbindung noch wider wie „Pig and Whistle" oder beim Restaurant „The Curious Pig in the Parlour" in West Sussex.

ORIGINALREZEPT

EIN GANZ BESONDERES CURRY

Das British Museum in London besitzt die Pergamentrolle eines Kochs von Richard II. aus dem Jahr 1390. Bei dem Rezept „The Forme of Curry" denkt man zuerst an das Gewürz, doch es ist eine Ableitung des französischen Worts für Kochen *(cuire)*:

Take Piggs yskaldid and quarter hem and seeþ hem in water and salt, take hem and lat hem kele. take persel sawge. and grynde it with brede and zolkes of ayrenn harde ysode. temper it up with vyneger sum what thyk. and, lay the Pygges in a vessell. and the sewe onoward and serue it forth.

Die übersetzte Fassung des Texts: „Nimm das Schwein und viertele es. Koche es in Wasser mit Salz und lass die Teile abkühlen. Nimm Petersilie, Salbei und vermenge sie mit Brot und dem Dotter hart gekochter Eier. Mache die Mischung mit Essig an und lass sie andicken. Lege das Schwein in ein Gefäß, bedecke es mit der Soße und reiche es zum Mahl."

EIN SCHWEIN FÜR DAS BARBECUE

Eine interessante – und sehr englische – Beschreibung für das Barbecue mit einem jungen Schwein stammt aus Elizabeth Raffalds *The Experienced English Housekeeper* (1769):

Bereiten Sie ein zehnwöchiges Schwein zum Rösten vor. Zerhacken Sie zwei Sardellen und vermengen Sie diese mit sechs Salbeiblättern und der Leber des Schweins. Die Mischung mit den Krümeln eines halben Brötchens, 100 g Butter, einem halben Teelöffel Cayennepfeffer und einem halben Pint Rotwein in einem Marmormörser zu einer Paste vermengen, in den Schweinebauch einlegen und ihn zunähen. Das Schwein [auf einem Rost mit einem Auffangbehälter darunter; Anm. d. Red.] in einer angemessenen Entfernung vor ein starkes Feuer legen, gut anrösten lassen und dabei mit Rotwein beträufeln. Wenn es halb geröstet ist, zwei Brötchen darunterlegen; ggf. Wein nachgießen. Wenn das Schwein fast gar ist, nehmen Sie die Brötchen und den Sud aus dem Auffangbehälter. Dazu geben Sie eine weitere klein gehackte Sardelle, ein Bündel süßer Kräuter und eine halbe Zitrone. Das Ganze aufkochen lassen und das Schwein damit bestreichen. Legen Sie dem Schwein eine Zitrone oder einen Apfel in die Schauze, platzieren Sie an jeder Seite einen Brotlaib, Berberitzen und Zitronenscheiben und servieren Sie das großartige Gericht. Das Rösten dauert vier Stunden.

PORK

A, Hind Loin; B, Fore do; C, Spare-rib; D, Hand; E, Leg; F, Belly-piece; G, Pettitoes; H, Heart; I, Tongue; J, Fry; K, Liver; L, Kidneys; M, Head

Ein Schwein kann komplett verzehrt werden und jedes Land hat unterschiedliche Namen für die einzelnen Teile. Die Abbildung stammt aus Mrs Beeton's Family Cookery and Housekeeping Book *in einer Ausgabe aus dem Jahr 1890.*

Zwischen der Schweinezucht und der Herstellung von Käse gibt es einen geschichtlichen Zusammenhang: Schweine der langbeinigen braunen Rasse Tamworth mästete man mit Molke von Stilton (einem Blauschimmelkäse). Aus ihrem Fleisch wurde Schweinepastete hergestellt, namentlich in dem Ort Melton Mowbray, der an der Postkutschenstrecke nach London und dem Norden lag.

Schweinerassen erhielten wunderbare Namen, die stolz auf die jeweilige Region Bezug nahmen, wie Gloucester Old Spot, Yorkshire Blue oder Oxford Sandy.

Eine ähnliche Verbindung kann man in der Gegend um Parma in Italien herstellen, wo man Schweine mit der Molke der Parmesankäsefabriken fütterte und der luftgetrocknete Schinken aus Schweinen hergestellt wurde, die mindestens neun Monate alt waren. Die neuen Rassen entwickelten sich zu Symbolen der jeweiligen Regionen. Schweine waren die Tiere der Kleinbauern, während sich der niedere Landadel für Pferde interessierte. Schweinerassen erhielten wunderbare Namen, die stolz auf die jeweilige Region Bezug nahmen, wie Gloucester Old Spot, Yorkshire Blue oder Oxford Sandy. Im 19. Jahrhundert stellte man Schweine auf Gemälden dar, als seien sie wohlhabende Gutsherren, die auf einer Farm herumtollten.

Die Züchter drängten nach immer größeren Tieren, was sich in der Verdrängung des Scottish Small Black durch das West Country Large Black zeigte. 1920 war Letzteres die beliebteste Rasse auf der Royal Show. Es suchte selbstständig nach Futter, durchstreifte die Wildnis, falls möglich, war sanftmütig, wuchs schnell und warf viele Ferkel. Fast keiner dieser Vorzüge sollte in der Zukunft wertgeschätzt werden, da die Interessen der Farmer durch die Industrialisierung und den sogenannten Fortschritt ins Hintertreffen gerieten. Unterstanden Farmen früher dem lokalen Gutsherrn, der nach Belieben verschiedenste Tiere kaufen und verkaufen konnte, klopfte eine neue Moral an die Tür.

In den Kriegsjahren hatte die britische Nahrungsmittelproduktion in den Händen militärisch denkender Verantwortlicher gelegen, die sich nach Kriegsende um die Versorgung der Bevölkerung kümmerten. 1955 empfahl der Howitt-Bericht die Konzentration der britischen Schweinezucht auf lediglich drei Rassen (das Schicksal anderer Schweine wurde circa 20 Jahre später dem nicht-staatlichen Rare Breeds Survival Trust überlassen). Es war eine drakonische Maßnahme, die dem Land viel von seinem Charakter und seiner Individualität nahm und darüber hinaus dem Speiseplan und dem Genpool der

Schweine die Vielfalt raubte. Alte Rassen wie das Ulster White, das Lincolnshire Curly, das Yorkshire Blue and White, das Cumberland und das Dorset Gold Tip wurden 1976 für ausgestorben erklärt.

„KAPITALISTENSCHWEINE"

Die Kommerzialisierung des Schweins erreichte ihren Höhepunkt 1961, als die Optionsbörse Chicago Mercantile Exchange Schweinebäuche als Futures listete – man konnte Einheiten von 18 000 kg gefrorener Bäuche erwerben. Die Geschichte wurde in den beiden Filmen *For Pete's Sake* (1974) und *Die Glücksritter* (1983) verarbeitet. Diese Futures wurden 2011 abgeschafft, sind allerdings seit 2019 wieder handelbar.

In der Science-Fiction-Welt der modernen Nahrungsmittelindustrie verschob sich das Zentrum der amerikanischen Schweineproduktion von Iowa zu den am Meer angrenzenden Regionen North Carolinas. Lange Reihen von gigantischen Flachstallungen mit Wellpappendächern werden von sorgsam gepflegtem Rasen und glatten Teerstraßen eingerahmt. Es ähnelt einer Szene aus *Die Frauen von Stepford* – doch in den Gebäuden liegen Schweine dicht aneinandergedrängt und in winzigen Stahlkäfigen in der Dunkelheit. Man verabreicht ihnen Wachstumshormone und sie werden künstlich befruchtet (eine Innovation – falls man das überhaupt so bezeichnen sollte –, die bis in das Jahr 1932 zurückgeht). Das Schwein fand in der Neuen Welt sofortige Anerkennung und Zuspruch, während andere Lebensmittel, die den umgekehrten Weg nahmen, Jahrhunderte zur Anerkennung benötigten – vor allem, wenn man sie nicht in der Bibel fand …

Kapitel

4

MONTEZUMAS GEHEIMNIS

Von der Kakaobohne zur Schokolade

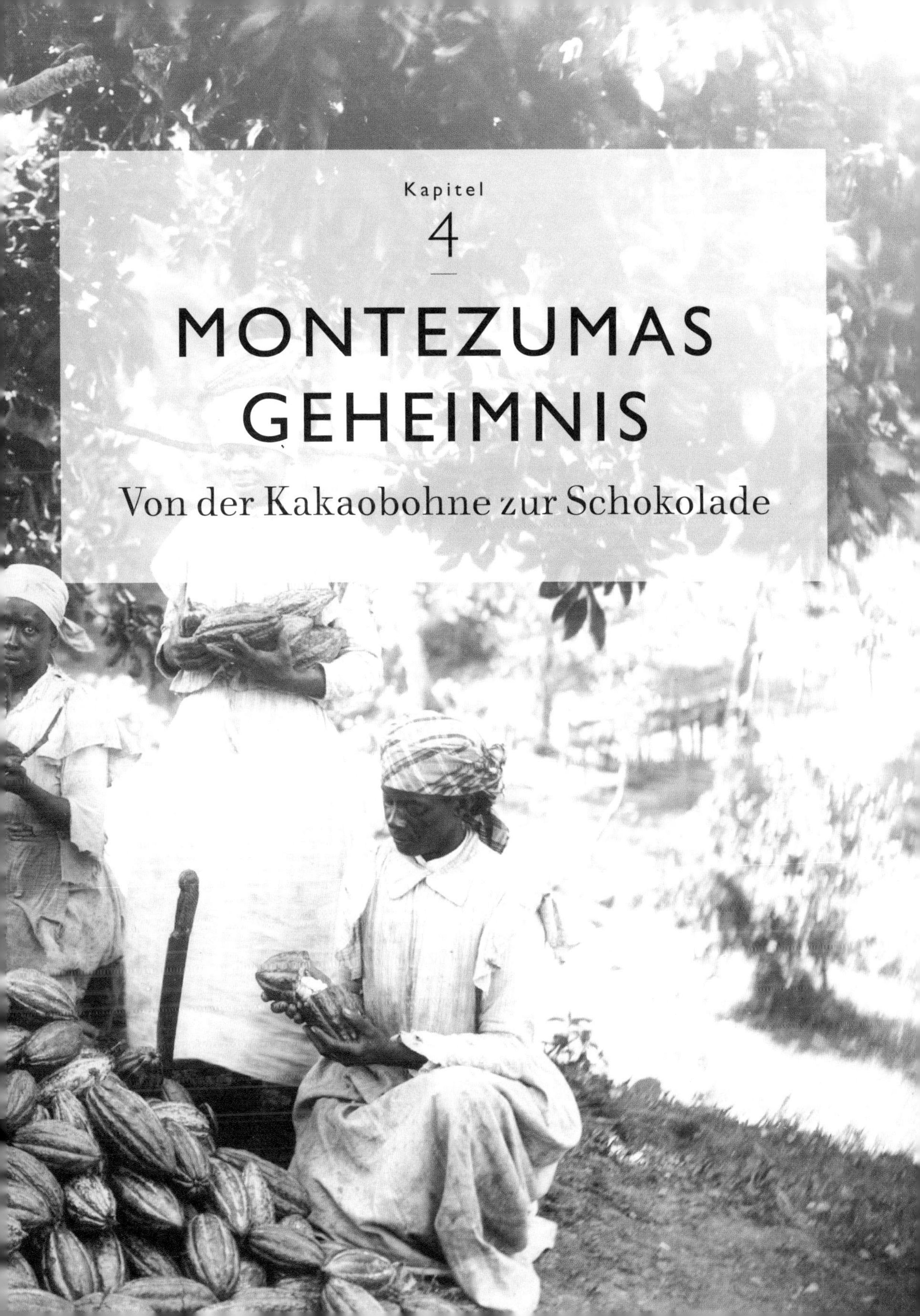

Der Tudela-Kodex *ist ein Bilderbuch der Azteken aus dem 16. Jahrhundert. Er wurde erst 1940 entdeckt und wird im Museo de América in Madrid aufbewahrt. Die Seite zeigt Kakaobohnen, die entweder als Teil eines Spiels oder als Währung benutzt wurden.*

BITTERES WASSER

Die Mythen, die sich um die Schokolade ranken, sind so tief verwurzelt, dass wir schon den Schokoriegel auspacken müssen, um zu ihrem Verständnis vorzudringen. Sogar der Name ist für Lexikografen ein Rätsel. Was zuerst als Anleihe beim Nahuatl-Wort für „bitteres Wasser" – *Xocoatl* – erscheint, wurde von einigen Gelehrten angezweifelt, da sich Derivate erst viel später in spanischen Texten zeigten. Hingegen werden wir auf Variationen wie *Choko* hingewiesen, das „heiß" bedeutet, *Chicolat*, was Heißgetränk mit gemahlenen Ingredienzien beschreibt, und *Cacaua*, was Kakao heißt.

Dass der Kakaobaum von den Eroberern in Zentral- und Südamerika entdeckt wurde, ist unstrittig, doch ihre ursprüngliche Begeisterung war eher finanziell als kulinarisch motiviert. Kakaobohnen wurden als Währung eingesetzt. Zur Zeit der spanischen Eroberung kostete ein Hase in Mexiko vier Bohnen, der Besuch einer Prostituierten zehn und ein Sklave hundert. Die Azteken entrichteten ihre Steuern in Kakaobohnen und die Mayas pflanzten ganze Kakaobaum-Gärten um ihre Häuser herum. Archäologen haben Spuren des Kakaokonsums bis zu den Zivilisationen der Olmeken und Mokaya 2000 v. Chr. zurückverfolgt. Damals war es offensichtlich ein Kaltgetränk, gemischt mit Mais, oder sogar ein Brei. Die meisten Texte wiesen darauf hin, dass Hernando Cortez ein mit Chili und Mais versetztes Kakaogetränk bei der Begegnung mit Montezuma II. zu sich nahm (den er später entführte). Das den ersten Entdeckern angebotene Getränk war eine heiße Grütze, in der fettige Butter auf der Oberfläche schwamm, die man von den Fingern leckte.

Schokolade, wie wir sie kennen, wurde in fester Form erst 1772 nach Amerika importiert. Vor dieser Zeit hatte sich die Kakaobohne insgeheim in spanischen Klöstern verbreitet und wurde von der Alchemie der Mönche weiterentwickelt, die die Erlaubnis des Papstes erbaten, sie an Fastentagen anzubieten – natürlich nur dem Adel. Um das zu ändern, brauchte es noch zwei königliche Hochzeiten

Das Gelingen von Schokolade – im Gegensatz zum Kakao hängt von zwei Faktoren ab: Zucker und der Technologie, um die festen Bestandteile der Kakaobutter fein zu mahlen. Heute wird die Kakaobohne nicht nur im ehe-

Ein Trinkgefäß der Mayas für „Kakao" aus dem 7. oder 8. Jahrhundert. Metropolitan Museum of Art, New York. Die Rezeptur bestand aus Kakaobohnen, getrocknetem Chili, Zimt, Maismehl und Wasser. Die Bohnen wurden geröstet, wobei man die papierähnliche Schale entfernte. Danach mischte man eine sämige Paste und brachte sie zum Sieden.

maligen Mesoamerika angebaut, sondern auch in Brasilien, Ghana, der Elfenbeinküste und Nigeria.

Der Kakaobaum wächst nur im schwülen, warmen und vorzugsweise windlosen Klima innerhalb von 20 Breitengraden um den Äquator. Die Sorte Forastero kann bis zu 20 Meter hoch werden, wird aber auf sechs Meter gestutzt und üblicherweise zuammen mit Bananen, Gummibaum oder Kokosnuss für den Schatten angebaut. Die dicken Früchte benötigen bis zu sechs Monate zur Reifung und verwandeln sich von Grün oder Gelb zu Orange oder Rot. Sie werden mit Macheten abgehackt, ausgehöhlt und dann einige Tage auf Blättern der Fermentation überlassen. Dabei wird der Samen dunkler und entwickelt den bitter-herben Geschmack; ab jetzt wird er als Bohnen bezeichnet. Die Bohnen wurden früher von Hand aufgebrochen und in ein Getränk gemischt, wohingegen man sie heute ähnlich wie Kaffee röstet. Das geschieht in sich drehenden Trommeln bei einer Temperatur zwischen 120 °C und 175 °C. Dann werden die Schalen entfernt, die man als Tierfutter nutzt, wonach der innere Kern zu einer sämigen Kakaomasse gemahlen wird, aus der man durch eine mechanische Presse die Kakaobutter gewinnt.

Keins der Verfahren wurde in den spanischen Klöstern in den Jahren ab 1500 erfunden, wo die Mönche mit ihrer „Alchemie“ Kakao mit anderen ihnen bekannten Gewürzen vermengten wie Zimt, Vanille, Muskatnuss und Nelkenpfeffer. Mehr als ein halbes Jahrhundert lang bewahrten sie ihr Geheimnis vor dem König von Spanien und dem Vatikan, der 1569 per Dekret verlauten ließ, dass der Genuss von Kakao nicht gegen das Freitagsfastengebot verstoße. Doch erst 1615, als Philipp III. von Spanien seine Tochter Anne mit Ludwig XIII. von Frankreich vermählte, nahm sie das Geheimnis mit an den französischen Hof. 1660 übereichte die spanische Prinzessin Maria Teresa ihrem Mann Ludwig XIV. eine Schatulle mit Kakaobohnen als Hochzeitsgeschenk.

Das erste Schokoladen-Haus wurde 1657 (von einem Franzosen) in London eröffnet. Ihm folgten fast 2000, Vorläufer des Gentleman's Club, wo die obere Schicht Klatsch und Tratsch austauschte und sich an Getränken aus der Neuen Welt labte. 1657 verbreitete *The Publick Advertiser* folgende Nachricht: „In einem französischen Etablissement in der Queen's Head Alley / Bishopsgate Street wird ein exzellentes westindisches Getränk namens Schokolade angeboten. Man kann es jederzeit zu sich nehmen, aber auch in fester Form erwerben, und das zu erschwinglichen Preisen.“ Von Anfang an wurden der Schokolade wundersame Kräfte zugeschrieben. Wie viele andere Nahrungsmittel pries man sie als Aphrodisiakum mit außergewöhnlichen Eigenschaften

ORIGINALREZEPT

MEXIKANISCHER SCHOKOLADENATOLE

Alte Rezepte für chronisch Erkrankte beschreiben ein Gebräu aus Haferflocken, Wasser und Milch als beruhigendes und aufbauendes Getränk. Das schon lange überlieferte Gerstenwasser wird aus Graupen (Rollgerste) hergestellt, soll reich an B-Vitamin sein, die Verdauung fördern und gegen Schleimhautentzündung helfen. Es stammt aus der Alten Welt.

Ein Mischgetränk aus Getreide ist der mexikanische Atole, der oft mit Erdnüssen oder Pinienkernen, manchmal Früchten oder hier mit Schokolade vermengt wird. Vanille stellt eine andere Option dar, was zugleich auf die mesoamerikanische Geschichte hinweist. Man kann auch mit anderen Getreidesorten experimentieren, doch das Masa-Mehl (*Masa Harina)* ist fein gemahlen und löst sich leichter auf als Maisstärke. Piloncillo ist mexikanischer Rohrzucker, den man aber durch braunen Zucker oder Melasse ersetzen kann. Den *molinillo*, eine Art Schneebesen, kann und sollte man durch ein elektrisches Gerät ersetzen, da die Prozedur zehn Minuten in Anspruch nimmt.

½ Tasse Masa Harina
2½ Tassen Wasser
2½ Tassen Milch
100 g mexikanische Schokolade
5 TL Piloncillo
1 Stange Zimt
eine Prise Meersalz

Vermengen Sie Wasser und Milch in einer Kasserolle mit dem Masa-Mehl und verrühren Sie das Ganze wie bei weißer Soße, sodass keine Klumpen entstehen. Erhitzen Sie es unter Rühren, fügen Sie dann den Zucker und die Zimtstange dazu. Zum Kochen bringen, dann den Topf vom Herd nehmen und die Schokolade einrühren. Bis zum Schäumen rühren. Entnehmen Sie die Zimtstange und schütten Sie das Getränk in vier Tassen zum Servieren.

Maria Sibylla Merian war eine wegbereitende Entomologin. Ihre Illustrationen zählen zu den ersten farbigen Abbildungen aus der Neuen Welt. In ihrem Buch Insects of Surinam, *1705, ist die Kakaopflanze mit Insekten dargestellt.*

an: „Die Konfektion aus Kakao namens Schokolade, erhältlich an verschiedenen Orten Londons, zeigt eine wundervolle Effizienz bei der Fortpflanzung: Sie bringt nicht nur Venus zum Entflammen, sondern fördert auch die Empfängnisfähigkeit von Frauen ... Darüber hinaus erhält sie die Gesundheit, denn man wird durch sie wohlleibig und korpulent, von angenehmem Charakter und liebenswürdig", schreibt William Coles in *Adam in Eden* (1657).

Bäcker und Konditormeister ließen sich eindeutig ungesunde Rezepte einfallen, darunter auch die Herstellung von Schokoladenwein – wobei man Eigelb in einer Pfanne mit Weißwein, Schokolade und Zucker vermengt oder drei Tage lang immer wieder Madeira-Wein dazugibt.

1810 kam die Hälfte des Schokoladennachschubs aus der spanischen Kolonie Venezuela, von dem ein Drittel in Spanien konsumiert wurde. 1780 errichtete man die erste Schokoladenfabrik in Barcelona. Nun zogen sich die Spanier klammheimlich aus dieser Geschichte zurück und die entsprechenden Verbindungen zu Mesoamerika reduzierten sich, denn Kakaobäume waren nun in Westafrika oder Brasilien zu finden.

MASCHINELLE SCHOKOLADENHERSTELLUNG

Schokolade in fester Form war nicht die Erfindung eines Küchenchefs, sondern ist den Maschinentüftlern in der Schweiz zuzuschreiben. Sie setzten Dampfkraft und Hydraulik ein und waren die Ersten, die unerwartet Schokolade zuerst mit Zucker und dann mit Milch vermengten. Diese Entwicklung nahm beinahe 100 Jahre in Anspruch.

Viele Unternehmen, die im 19. Jahrhundert mit der Schokoladenproduktion begannen, haben überlebt (auf jeden Fall der Name) und befinden sich in der Hand derselben Familien. Schokolade wurde kreiert von den ersten Ernährungswissenschaftlern, die vom Zuckergewerbe kamen. Die Komplexität der Rezepte führte zum erstmaligen Auftauchen von Inhaltsangaben. Die Firmen sicherten sich gegen Vorwürfe der Verunreinigung ab, womit der Schokoriegel das erste Nahrungsmittel wurde, auf dem man stolz die Ingredienzien auflistete. In England sah sich George Cadbury dazu genötigt, da ein Mitbewerber Riegel mit feinem rotem Ziegelstaub unters Volk brachte. Was Schokolade wirklich ist, wurde im letzten Jahrhundert in den verschiedenen Ländern und Kontinenten unterschiedlich definiert, abgesehen vom gemeinsamen Faktor, dem Kakao.

Die Schokoladenproduktion ist ein industrialisierter Vorgang. Für einen einzigen Riegel benötigt man eine Fabrik. Das Basisrezept hängt von der Menge an

Weihnachtsschokolade: Arbeiterinnen bei der Fertigstellung von Nikoläusen beim schwedischen Schokoladenhersteller Cloetta in den 1940er-Jahren. Cloetta ist nach eigenen Angaben die erste Firma, die Schokoladenprodukte industriell herstellte.

Kakaomasse ab, Kakaobutter und Zucker – die verarbeitete Kakaobutter wird in Kakaomasse zurückverwandelt, um sie kräftiger zu machen. Statt eines Rezepts stehen uns Auflistungen von industriellen Verarbeitungsmethoden und Familiennamen zur Verfügung, die zu Marken wurden. 1819 übernahm Louis Cailler eine alte Mühle am Genfer See nahe Vevey, um ein in Italien erlerntes Verfahren weiterzuentwickeln. (Die Fabrik gehört nun Nestlé.) Sechs Jahre später baute im gleichen Ort Philippe Suchard seine eigenen Maschinen zur Schokoladenproduktion. 1828 entwickelte der Niederländer Conrad Van Houten eine hydraulische Kakaopresse, um die Butter von den Festbestandteilen zu trennen.

Zwei Jahre später kreierte Joseph Fry den ersten Schokoriegel. Das Verfahren der Mischung von Kakaobutter und Kakaomasse wird ihm zugeschrieben. Zuvor hatte er die Technologie adaptiert, die James Watt für seine Dampfmaschine in Bristol entwickelte. Fry stellte sich als höchst einfallsreich heraus und produzierte 220 unterschiedlichste Riegel, von „Chocolate Cream" bis zum „Turkish Bar". Fry war zudem 1896 das erste Familienunternehmen, das mit beschränkter Haftung (Ltd.) arbeitete.

DAS ERSTE GERICHT DER NEUEN WELT

Ein Azteke mahlt Kakaobohnen unter einem Baum. Ein Holzschnitt aus Girolamo Benzonis Historia del Mondo Nuovo, *1565. Benzoni war ein italienischer Eroberer, der die Ostküste von Südamerika bereiste und sein ganzes Vermögen bei einem Schiffbruch verlor. In seinem kontrovers diskutierten Buch kritisiert er die schlechte Behandlung der Einheimischen durch die Spanier.*

Schokolade mit Truthahn und Mole wird in der Kochkunst auf zweierlei Weisen interpretiert. Zuerst als sehr altes mesoamerikanisches Gericht und dann auch als die erste Mahlzeit des neuen Amerika, bei der Ingredienzien aus der Alten und Neuen Welt zusammengeführt werden. In Mexiko wird es immer noch als Nationalgericht gesehen. Der Legende nach geht es auf die Nonnen des Klosters von Santa Rosa in Puebla zurück, die von einem Besuch ihres Bischofs überrascht wurden, alles im aztekischen Kochstil zubereiteten und zu seinen Ehren zusammen mit einem Truthahn servierten. Man kann daraus schließen, dass der Truthahn zerlegt und mit der Mole bestrichen wurde, wonach man ihn unter weiterem Hinzugeben der Soße röstete. Das Mischen der Gewürze, das Servieren des Fleischs mit Marinade und das Beträufeln können als mesoamerikanische Kochtechnik interpretiert werden.

Mole wurde von dem Nahuatl-Wort Molli für Soße abgleitet. Wahrscheinlich bestand die erste Chili-Soße aus einer Mischung von Poblana, Pasilla, Mulato sowie Chipotle. Bei gründlicher Zubereitung nahm die Prozedur einen ganzen Tag in Anspruch, besonders in der Zeit, in der es noch keine Mühlen gab, da man die Zutaten mit einem Stößel in einem Mörser zerkleinerte oder sogar mit einem Messerrücken. Jede Zutat wurde separat gekocht. Es ist durchaus möglich, dass die Spanier Zimt oder Koriander mitbrachten oder Zucker, was dann alles in der Mole verarbeitet wurde.

Eine Mole besteht aus fünf Grundzutaten: Chili (diverse Sorten), etwas Saurem wie grünen Tomaten, getrockneten Früchten (und später Zucker), Gewürzen und etwas zum Andicken, ursprünglich vermutlich gemahlenes Brot, gemahlene Tortillas oder Nüsse, was dann im Unterschied zu anderen Soßen miteinander ziemlich dick angerührt wurde. Der Kakao wird am Ende zugegeben. (Dieser Überlieferung nach geschah das 300 Jahre vor der Erfindung von Schokolade; hier wirkte es als Gegengeschmack zum Chili und in der Farbgebung.)

Von dieser Basis aus entwickelte sich die Mischung zur heutigen Soße mit bis zu 20 Ingredienzien. In der südwestlichen Oaxaca-Region können es noch mehr sein, da diese auch umgangssprachlich als das Land der sieben Molen bekannt ist.

1875 löste Daniel Peter – der die Tochter von Louis Cailler geheiratet hatte – das Rätsel der Herstellung von Milchschokolade, ein Geheimnis, das er ebenso hütete wie das der Kondensmilch, die von seinem zukünftigen Geschäftspartner, dem Chemiker Henri Nestlé, verkauft wurde. Nestlé hatte zuvor Rezepte für Rum und Absinth entwickelt, wonach er sich für Milchrezepte für Babys interessierte. Unbeabsichtigt stolperte er bei dieser Arbeit über das Verfahren der Extraktion von Wasser aus Milch. Wasser hatte bislang immer Mehltau bei Schokolade verursacht. Mit der Trockenmilch erblickte auch die Milchschokolade das Licht der Welt.

1879 entwickelte Rodolphe Lindt das Verfahren des Conchierens, da er bemerkte, dass Kakaomasse nach ausreichender mechanischer Bearbeitung weicher und glänzender wurde. Man könnte es auch vereinfacht als Kneten beschreiben. Bei den alten Lindt-Maschinen sprechen wir aber nicht von einigen Stunden, sondern von Tagen! Er nannte es Conchieren, da seine Maschine der Schale einer Trompetenschnecke ähnelte [engl. *conch*]. Durch das Verfahren wurden zudem die letzten gröberen Überreste klein gemahlen. Schließlich fand ein anderer Schweizer – Jules Suchard aus Montreux – heraus, wie man Schokolade mit anderen Geschmacksnuancen veredelt.

Viele Erben der Erfinder des 19. Jahrhunderts zeigten eine vergleichbare Begeisterung und Leidenschaft wie Theodor Tobler, dessen ikonenhafter Schokoriegel in Bern erfunden wurde und zuerst 1908 auf den Markt kam. Obwohl die Dreiecksform den lokalen Bezug zum Matterhorn zeigt, behauptet seine Familie steif und fest, dass Theodor den Riegel nach einem Besuch der Can-Can tanzenden Mädchen im *Folies Bergère* in Paris entworfen habe.

DIE HERREN DER RIEGEL

Die erste Schokolade fand, soweit wir wissen, 1764 ihren Weg nach Nordamerika. James Baker, Inhaber eines Lebensmittelgeschäfts, kaufte für seinen Laden in Dorchester, Massachusetts, einige Kakaobohnen von einem gewissen John Hannon. Er ließ sie in einer nahe gelegenen Papiermühle mahlen und bestritt die ersten Jahre seines Unternehmens mit Tauschgeschäften. Hannon, ein umherziehender Einwanderer aus Irland, hatte in England von der Schokoladenproduktion erfahren. Beide Männer stellten daraufhin ab 1771 feste Schokoladenriegel her, bekannt als „Hannon's Best Chocolate". Als Hannon auf einer Reise zu den Westindischen Inseln spurlos verschwand, kaufte Baker dessen Frau die Anteile ab und änderte den Namen zu Baker Chocolate Company.

Schokolade war zu jener Zeit umgeben vom Hauch des Revolutionären, sie wurde während des Unabhängigkeitskriegs von der Karibik aus an den englischen Kanonenbooten vorbeigeschmuggelt, aber das Geschäftsgebaren der Europäer sagte Baker gar nicht zu. Die Familie war wiederum genial, was das Marketing betraf: James' Sohn Walter setzte Reklametafeln, Zeitungen, Rezeptkarten und Fabrikführungen ein, um auf das Produkt aufmerksam zu machen.

Der Hershey-Riegel war dermaßen verbreitet, dass ab 1938 in der US Army drei Hundert-Gramm-Riegel zu jeder Provianteinheit gehörten.

Der Hershey-Riegel, ein weiterer Mitbewerber auf dem Markt, wurde ab 1895 vertrieben, als Milton Hersheys neue Fabrik in Pennsylvania preisgünstige Schokolade für die Massen herzustellen begann. Die Amerikaner kamen nun auf den Geschmack. Der Hershey-Riegel war dermaßen verbreitet, dass ab 1938 in der US Army drei Hundert-Gramm-Riegel zu jeder Provianteinheit gehörten. Milton Snavely Hershey verdiente sich sein erstes Vermögen zwar mit Karamellriegeln, doch von ihm stammt die berühmte Aussage, dass „Karamell eine Modeerscheinung ist, Schokolade sich hingegen hält". Er entwickelte das nicht so sehr von der Milchqualität abhängige Hershey-Verfahren und brachte anschließend zahlreiche unterschiedliche Produkte wie „Hershey Kiss" (1907), „Mr Goodbar" (1925) und „Krackel" (1938) auf den Markt.

EIN GRÜNER PIONIER

Die Kakaoindustrie leistete Pionierarbeit in den Bereichen biologischer Anbau, Fair Trade und bei diversen Bio-Bewegungen. An Schokolade lässt sich beispielhaft die Effizienz von Großplantagen widerlegen. Um 1960 wurde der Kakaobaum von kleinen Unternehmen auf weniger als einem Hektar angebaut. Groß angelegte Pflanzungen, finanziert zuerst von Spekulanten und später durch ausländische Hilfe, wurden zu Fehlschlägen, da nur auf Maximierung ausgerichtete Plantagen durch die Kosten für den hohen Düngemitteleinsatz und durch Pflanzenkrankheiten kollabierten. Der Kakaobaum eignet sich für den biologischen Anbau, was meist Kleinunternehmen anzieht. Er benötigt sechs Jahre bis zur Fruchtreife sowie Schatten von anderen Bäumen wie dem der Banane oder der Palme und wird idealerweise 15 Meter hoch. Eine konzentrierte Ernte ist kaum möglich, da die Früchte zu unterschiedlichen Zeiten reif werden und sich die Ernte daher über einen längeren Zeitraum erstreckt.

ORIGINALREZEPT

DER ERSTE SCHOKOLADENKUCHEN

Ein sogenannter Schokoladenkuchen wurde 1838 in der Zweitauflage des Buches *Virginia Housewife* von Mary Randolph vorgestellt. Streng genommen ist es aber eher ein Rezept für ein Biskuitgebäck, das zusammen mit Schokolade gereicht wird. Das Rezept ist noch älter, denn die Erstauflage des Buches erschien 1824. Zu dem Zeitpunkt sah man Schokolade noch nicht als Ingredienzie, sondern als Luxusgut, obwohl sie möglicherweise schon als Getränk vorkam:

Geben Sie ½ Pfund braunen Zucker in ½ Pfund Mehl, sieben Sie das Gemenge und verrühren Sie es mit 100 g in Milch geschmolzener Butter zu einer Paste. Kneten Sie es gut durch, danach dünn ausrollen, in Streifen von gut zweieinhalb Zentimeter schneiden, die so lang wie ein Teller sind. Backen Sie sie auf einem Rost und legen Sie das Gebäck in Schachbrettmuster übereinander auf einen Teller. Danach mit Schokolade servieren.

Das erste tatsächliche Rezept für einen Schokoladenkuchen war – laut Miss Leslies *Lady's New Recipe-book* (1852) – eine umständliche und arbeitsintensive Angelegenheit, die das Schälen der Schokolade von einem Block erforderte. Köche in Frankreich bereiteten längst eine kalte Schokoladencreme mit Sahne und Zucker zu, deren Rezept in Menons *Cuisine Bourgeoise* (1750) zu finden ist.

Bis 1886 wurde Schokolade überwiegend als Getränk beschrieben, doch dann erwähnte das *Royal Baking Powder Cook Book* einen Kuchen und Rezepte für Schokoladengelee und ähnliche Speisen. In Wien hatte die Kaffeehauskultur die Küchen zur kreativen Herstellung verschiedenster Kuchen inspiriert, deren Namen stellvertretend für Cafés und Hotels standen. Die Sacher-Torte – ein Schokoladenkuchen mit Aprikosenmarmelade gefüllt und mit Schokoladenglasur überzogen – wurde angeblich 1832 von dem Konditor Franz Sacher „erfunden" und von seinem Sohn Eduard perfektioniert, der sie in seinem 1876 eröffneten Hotel Sacher servierte. Auf die wohlschmeckende Torte folgte ein bitterer Rechtsstreit über die Frage des Urheberrechts zwischen Hotel und Bäckerei. Als Kompromiss steht nun Eduards Name auf der Sacher-Torte, von der jährlich 360 000 Stück verkauft werden.

RECHTS: *Ein Jugendstilplakat (1879) des tschechischen Künstlers Alphonse Mucha für das französische heiße Schokoladengetränk* Chocolat Ideal.

CHOCOLAT IDÉAL
en
Poudre
Soluble
CHOCOLAT
6 Chocolat IDÉAL
TASSES
0,90c
Donne P'tit' Maman!
Mucha
COMPAGNIE FRANÇAISE DES CHOCOLATS ET DES THÉS

Kapitel

5

DIE GIFTIGE KNOLLE

Wie Europa die Kartoffel lieben lernte

Die Kartoffelesser *von Vincent van Gogh, 1885. Van Gogh Museum, Amsterdam.*

CHUÑO, PÜREE UND COLCANNON

Als die Kartoffel Europa erreichte, wurde sie verunglimpft, verleumdet und sogar gehasst. Man verschmähte die Erdknolle mehr als 300 Jahre als heidnisch und unrein und schaute auf sie mit äußerstem Misstrauen herab. Doch der unbestreitbare Nährwert machte sie zu einem Eckpfeiler der modernen westlichen Zivilisation. Als eine Kartoffelfäule in den 1840er-Jahren zu einem Ernteausfall führte, starb ein Viertel der irischen Bevölkerung oder floh verzweifelt nach Amerika.

Sowohl die Azteken als auch die Inkas kultivierten Kartoffeln. Es wurden mehr als 5000 Sorten nachgewiesen, von denen manche sogar bis 8000 v. Chr. in die Hochebene der Anden zurückgehen. Sie sind ein wichtiger Bestandteil der Moche- und Nazca-Kulturen. Die Eroberer fanden die Kartoffel 1532 zuerst in Form von Chuño in einer Andengegend, die zwischen dem heutigen Bolivien und Peru liegt. Chuño – entweder weiß oder schwarz – sind über Nacht gefrorene Kartoffeln, die auf den Feldern tagsüber luftgetrocknet werden. Sie ließen sich bis zu zehn Jahre lang lagern und wurden von den Inka- und Azteken-Kulturen als Mehl verwendet oder als Eintopf mit Gemüse und ein wenig Fleisch. Die Spanier zeigten sich nicht sonderlich beeindruckt, verfütterten Chuño an die Packtiere und gaben sie den Kranken. An Bord der Schiffe dienten sie aufgrund des geringen Gewichts als Notration. Die amerikanischen Ureinwohner verehrten Chuño und bestatteten sogar die Toten damit.

Sprachwissenschaftlich lässt sich Kartoffeln *(potatoes)* von *papas* ableiten. Möglicherweise wurden sie von schottischen Einwanderern reimportiert, die die Kartoffel ab 1719 um Londonderry, New Hampshire, anbauten und somit in Amerika popularisierten.

Der geläufigsten Geschichte nach brachte der Forscher Sir Walter Raleigh die Kartoffel mit über den Atlantik nach England. Doch das entspricht nur teilweise der Wahrheit. Raleigh mag wohl von Queen Elizabeth I. für seine Forschungsreise in der Neuen Welt zum Ritter geschlagen und gelobt worden sein – ein Porträt von ihr, wie sie die Belobigung ausspricht, hängt in den English Houses of Parliament –, doch er ging niemals selbst in Nordamerika an Land, sondern ließ sich ab 1580 die Beobachtungen anderer mitteilen. Weiter im Süden hatten die Spanier 1532 die Anden erreicht und handelten bereits mit Chuño und Kartoffeln. Pedro Cieza de León, spanischer Chronist von Peru, vermerkte in seinen Chroniken 1540 Folgendes über die Kartoffel: „Nach dem Kochen fühlen sie sich wie gekochte Kastanien an; in der Sonne getrocknet nennt man sie Chuño und sie werden für den späteren Gebrauch gelagert."

Raleighs Roanoke-Kolonie (auf dem Boden des heutigen North Carolina) geriet zum Desaster. Krankheiten, Angriffe von Ureinwohnern und die Unfähigkeit, eigenes Getreide anzubauen, führten dazu, dass ein Großteil der Kolonisten innerhalb eines Jahres verhungerte. Drake rettete einige der Überlebenden bei seiner Rückkehr vom Kampf gegen die Spanier in der Karibik. Auf dem Weg machte er in Cartagena in Kolumbien Halt und nahm zahlreiche südamerikanische Pflanzen mit, darunter auch Kartoffelknollen und Tabak, Letzterer geplündert von den spanischen Galeonen.

Raleighs Kommandant in Virginia – Thomas Harriot – brachte die Knollen nach England und später zu Raleighs Anwesen, von wo aus sie sich nach Irland ausbreiteten. Die Präsentation der Kartoffel am Hofe von Queen Elizabeth stellte sich als eine Katastrophe heraus. Zur Feier des Fundes wurde zu einem großen Festmahl geladen. Die Hofköche konnten allerdings nichts mit den Pflanzen anfangen, warfen die dreckigen Knollen weg und bereiteten nur die giftigen Stile und Blätter zu. Der gesamte Hof litt daraufhin an extremen Magenschmerzen, was den schlechten Ruf der Kartoffel begründete. Die Pflanze wurde augenblicklich verbannt, ein Schicksal, das ihr innerhalb der nächsten 250 Jahre in Europa noch mehrmals widerfuhr.

Protestanten verweigerten den Anbau, da die Kartoffel nicht in der Bibel erwähnt wurde. Katholiken ließen sie gedeihen, doch nur wenn sie mit heiligem Wasser gesegnet war und am Karfreitag gepflanzt wurde, eine Tradition, die sich bis heute fortgesetzt hat, allerdings eher, weil um Ostern herum eine günstige Zeit zum Pflanzen ist. Bei Hungerleidenden und Haustieren fand die Kartoffel dankbare Abnehmer, doch zuerst sah man sie überwiegend in botanischen Gärten als Beispiel für Produkte aus heidnischen Ländern oder – wesentlich schlimmer – als Ursache für Lepra und Syphilis.

Wissenschaftler kamen schon früh zu einem anderen Urteil. 1662 sprach die English Royal Society (für Gartenbau) der Regierung eine Empfehlung zugunsten der Kartoffel aus, die jedoch nicht gut ankam. Erst 150 Jahre später veränderten Hungersnöte und ermutigende Zeitungsartikel, zum Beispiel in

Chuño *ist eine gefriergetrocknete Kartoffel des Quechua-Volkes in Peru und Bolivien, die nun allgemein in Südamerika verzehrt wird. Der Eroberer und Chronist Pedro Cieza de León erwähnte sie schon 1540 in seinen Aufzeichnungen: „Nach dem Kochen fühlen sie sich wie gekochte Kastanien an; in der Sonne getrocknet nennt man sie Chuño und sie werden für den späteren Gebrauch gelagert."*

der *Times*, das allgemeine Bewusstsein. Sogar 1862 noch warnte Mrs Beeton in ihrem ersten Kochbuch vor dem Wasser, in dem Kartoffeln gekocht worden waren. So eine Auffassung traf auf ganz Europa zu. Erst im späten 18. Jahrhundert trug Ludwig XVI. eine Kartoffelblüte in seinem Knopfloch und Marie Antoinette purpurne Blüten in den Haaren. In Frankreich gehörten Hungersnöte zur Tagesordnung, doch die Kartoffel brachte einen höheren Ertrag als Weizen und ermöglichte den Bauern einen größeren Anbau von Feldfrüchten

FRITTEN MIT ALLEM

Ein Imbisswagen für Fish and Chips, der am Abend entlegene Stadtviertel anfährt (1931).

Frittierte Lebensmittel – meist mit Rinder- oder Gänseschmalz zubereitet, da Maisöl erst ab 1898 zur Verfügung stand – gehörten in den Städten des 19. Jahrhunderts zur Straßenküche. Es ist ein strittiges Thema, wie sich die Kartoffel dazugesellte. Der französischen Erzählung nach kam König Louis-Philippe I. zu spät zum Essen, woraufhin sein Chefkoch Collinet die bereits gerösteten Kartoffeln in heißem Fett aufwärmte und sie aufgegangen servierte, nun unter dem Namen *pommes soufflé* bekannt. Thomas Jefferson muss eine ähnliche Zubereitung schon dreißig Jahre zuvor in Paris gesehen haben und ließ sie im Weißen Haus auftischen.

Auch in William Kitchiners *Cook's Oracle* (1817) tauchen sie auf:

Kartoffeln gebraten in Stücken oder dünnen Scheiben …
Schälen Sie große Kartoffeln, teilen Sie diese in Stücke von ungefähr einem halben Zentimeter oder schneiden Sie sie mit runden Schälbewegungen in dünne Scheiben.
In einem saubern Tuch gut trocknen.
Danach in Schmalz oder Fett braten.

Der amerikanischen Legende nach zeigte sich der talentierte Chefkoch George Crum verärgert über einen Kunden, der sich über das Essen beschwert hatte, und ließ ihm kräftig gebratene Kartoffelscheibchen mit Salz auftragen. Der Kunde war nicht beleidigt, sondern hocherfreut. Die Inschrift einer Tafel außen am Restaurant in Saratoga Springs, New York, lautet: „George Crum Speck, Erfinder der Kartoffelchips, führte hier sein Restaurant 1882–1890. In Stadt und Land bekannte Persönlichkeiten dinierten hier." Möglicherweise war er nicht der Erfinder der Chips, machte sie aber bekannt.

Pech für den Chefkoch – eine gewisse Granny Ducie war früher dran. Sie gründete ihr erstes Geschäft 1854 in West Riding in Yorkshire. Eine Tafel im nahe gelegenen Oldham besagt, dass dort 1860 der erste „Fish and Chips"-Laden öffnete. In Schottland wird dem Belgier Edward de Gernier das Verdienst zugeschrieben, die ersten Fish and Chips auf dem Greenmarket in Dundee verkauft zu haben.

zur eigenen Absicherung bei Ernteausfällen. Im kriegsgeplagten Frankreich bot sie einen zusätzlichen Vorteil, da sie von marodierenden Truppen meist übersehen wurde.

KARTOFFELPIONIERE

Ein Mann setzte sich besonders für die Kartoffel ein, und sein Name ist in der französischen Küche unvergessen: Antoine-Augustin Parmentier. Bekannt wurde er durch seine Pionierarbeit in der Forschung nach einem Pockenimpfstoff und seine Arbeiten zur Lebensmittelchemie. Er war Stabsapotheker in der Armee, wurde im Siebenjährigen Krieg gefangen genommen und danach in ein preußisches Gefängnis geworfen, wo man ihm nur Kartoffeln gab, die ein Franzose damals höchstens den Schweinen vorwarf. Nach seiner Befreiung nahm Parmentier seine Chemiestudien wieder auf und gewann einen Preis für einen Aufsatz, in dem er 1773 Patienten mit Ruhr eine Kartoffeldiät empfahl. Ein Jahr zuvor hatte die Pariser Medizinfakultät auf sein Drängen hin die Essbarkeit der Kartoffel bestätigt, doch trotz seiner Leistungen verlor Parmentier seine Anstellung beim Hospital Les Invalides, das von einer religiösen Gemeinschaft geführt wurde, die sich „unchristlichen Praktiken“ widersetzte. Parmentier zeigte sich unbeeindruckt und richtete besondere Festmahle aus, bei denen lediglich Kartoffeln serviert wurden. Gäste waren unter anderem Benjamin Franklin und der Chemiker Antoine Lavoisier, der die Begriffe Sauerstoff und Wasserstoff prägte. Ludwig XVI. stellte Parmentier Ackerboden in der Nähe von Sablons zur Verfügung, auf dem er Kartoffeln anbaute, diese aber von einer bewaffneten Wache schützen ließ, damit einige Leute auf den Gedanken verfielen, die Feldfrucht sei extrem wertvoll. Allerdings hatte man die Wachen instruiert, sich bestechen zu lassen, damit die dort Ansässigen die Knollen bei Nacht stehlen konnten.

Die Hungersnot 1785 überzeugte die Franzosen im Norden von den Vorzügen der Kartoffel. Ab 1815 hatte sie sich als ein wichtiges Grundnahrungsmittel etabliert.

Die Hungersnot 1785 überzeugte die Franzosen im Norden von den Vorzügen der Kartoffel. Ab 1815 hatte sie sich als ein wichtiges Grundnahrungsmittel etabliert.

Bei der Belagerung von Paris 1870–1871 pflanzte man Kartoffeln im großen Stil in den Tuilerien an. Auf der Speisekarte der französischen Küche deutet jedes Gericht mit dem Namen Parmentier auf Kartoffeln hin. Eine pürierte Suppe mit Kartoffeln und Lauch mit Speck, Zwiebeln, Knoblauch und einigen frischen Kräutern wurde nach ihm benannt: Die Soupe Parmentier enthält Kartoffeln und Lauch im Verhältnis 3:1. Variationen sind die Potage à la Parisienne (Kartoffeln und Lauch 1:1) und die Vichysoisse (1:3) – kleine, aber sicherlich wichtige Unterschiede.

Bauern benennen Kartoffeln oft nach ihrem Ursprungsort, womit sich Namen wie Idaho, Adirondack oder Belle de Fontenay erklären. Auch treibt die Vorstellungskraft einiger Marketingleute so manche Blüte. Die Vivaldi wächst während aller vier Jahreszeiten, wohingegen die King Edward die älteste britische Sorte ist. Gerichte mit Kartoffeln tragen oft Städtenamen. Die Lyonnaise wird mit Butter und Petersilie geschmort, geschnitten und mit Zwiebeln gereicht, die Dauphinoise wird mit Milch oder Sahne gekocht und stammt aus der Dauphiné-Region und die Syracuse hat ihren Namen von dem Salz, in dem sie die Bergleute im Staat New York brieten oder kochten.

Irland kann mit anderen Namensinspirationen aufwarten, darunter Boxty (ein Kartoffelpuffer), Colcannon (mit Kohl) und Coddle (mit Speck, Würstchen und Zwiebeln). Colcannon, oft zu „Cally“ gekürzt, steht im Gälischen für Weißkohl. Variationen des Kartoffelpürees unterscheiden sich danach, ob sie zerstampft oder geklopft werden. Zum Püree werden wahlweise Zwiebeln, Weißkohl oder Grünkohl und vielleicht auch Käse gereicht. Bei einigen Boxty-Variationen wird Püree je zur Hälfte aus vorgekochten und rohen Kartoffeln verwendet.

Friedrich der Große von Preußen erkannte das Potenzial der Feldfrucht zur Sättigung seines Volkes und zur gleichzeitigen Senkung des Brotpreises. 1774 erließ er ein Dekret, nach dem Kartoffeln zum Schutz gegen Hungersnöte anzubauen seien. Aus Kolberg erhielt er ein Antwortschreiben: „Diese Dinger riechen nicht und schmecken nicht, und nicht einmal die Hunde mögen sie fressen. Was wäre uns damit geholfen?“ In Russland gab Katharina die Große den Befehl zum Anbau, den man jedoch ignorierte. Erst nach der energischen Intervention von Zar Nikolaus I. wurde sie ab 1850 „adoptiert“.

KÖTTER UND LUMPER

Für die Landwirtschaft, die bisher von Getreide abhängig gewesen und somit der ständigen Gefahr einer Missernte ausgesetzt war, hatte die Kartoffel zahlreiche Vorteile. Hinsichtlich der Nährstoffe schützte sie die Menschen gegen damals übliche Krankheiten wie Skorbut, Tuberkulose, Masern und Ruhr. Die

Rowan Gillespies Famine-Statuen, eine Erinnerung an die Opfer der großen irischen Hungersnot. Das der Stadt 1997 vermachte Denkmal steht auf dem Custom House Quay in den Dubliner Docklands.

Kartoffel hatte einen höheren Nährwert – Vitamin C, Kalium und Ballaststoffe – als andere damals angebaute Nahrungsmittel.

Die mit der letztendlichen Akzeptanz der Kartoffel einhergehende Entwicklung kann nur als spektakulär beschrieben werden. Der Hunger ging zurück, die Zahl der Geburten stieg und damit auch die allgemeine Bevölkerungszahl. Vor 1800 war die Ernährung in England stark auf Fleisch, Brot, Butter und Käse ausgerichtet. Von Gemüse hielt man nichts. In den neuen Industriestädten wie Liverpool, Birmingham und Manchester war Wohnraum knapp, für Küchen kein Platz, wodurch sich in den Straßen zubereitete Mahlzeiten durchsetzten – wie zum Beispiel Kartoffeln, die über einem offenen Feuer geröstet und dann als Fish and Chips verkauft wurden. In dem halben Jahrhundert bis circa 1850 verdoppelte sich die britische Bevölkerung auf 18 Millionen.

Eine Verdopplung fand auch in Irland statt, jedoch ohne eine offensichtliche Innovation, von der Kartoffel mal abgesehen, die gut auf irischem Boden wuchs und sich auf kleinen Bauernhöfen durchsetzte, wo die Farmer sich fast vollständig selbst versorgten. Kinder waren in der Lage, Kartoffeln ohne Maschinen zu pflanzen und zu ernten. Auch die Nachbehandlung wie beim Getreide entfiel. Milch und Kartoffeln führten zu einer lebenserhaltenden Ernährung; um 1840 sollen sie für circa ein Viertel der Bevölkerung die alleinigen Nahrungsmittel gewesen sein. Zum Teil lag dies an dem brutalen irischen Pachtsystem. Ein Großteil des Landes gehörte protestantischen Maklern, die die Parzellen immer weiter verkleinerten, bis ein durchschnittlicher Farmer nur noch vier Hektar bewirtschaftete. Die Farmer waren oft arme Katholiken, die sich jedes Jahr mit höheren Pachtforderungen konfrontiert sahen. Ihnen stand weder ein Sicherungssystem noch eine Genossenschaft zur Verfügung, durch die sich die Lebensbedingungen hätten verbessern können. Diese Subsistenzwirtschaft war gesetzlich geregelt. Man kannte die Bauern als Kötter, die zusätzlich noch andere Ländereien der Gutsherren bewirtschafteten, um die eigene Pacht zu bezahlen. Conacres waren kleine Farmen, deren Pächter einen bestimmten Teil der Kartoffelernte entrichteten. Diese Regelungen waren entstanden aus dem Unterschied zwischen dem fruchtbaren Norden in protestantischem Besitz und dem dicht besiedelten Süden, der von steinigen Böden und Torf geprägt war. Man kannte das Getreide aus dem Süden als „Lumper", denn es war von niedrigem Nährwert und reifte zudem spät, sodass in den Monaten Juli und August die größte Not herrschte.

Als 1845 die große Hungersnot begann, starben allein im ersten Jahr eine Million Menschen. Die Kartoffel war von dem Pilz *Phytophthora infestans* befallen worden, gegen den es 40 Jahre lang kein Fungizid gab. Die Menschen verließen die Städte; beinahe 1,5 Millionen Menschen traten die Schiffsreise nach Amerika und den neuen Ländern an.

Später im 19. Jahrhundert brachte diese Hungersnot den amerikanischen Landwirtschaftsexperten Luther Burbank dazu, sich nach resistenteren Sorten umzuschauen. Das Resultat war die Russet Burbank und der Beginn der Kartoffelwirtschaft in Idaho. Burbank verkaufte seine Anteile später für 140 Dollar. 2002 brachten die Kartoffeln dem Bundesstaat einen Jahresertrag von 700 Millionen Dollar.

ORIGINALREZEPT

BOXTY

Einigen Rezepten zufolge wird das beliebte englische Bubble and Squeak aus den Resten einer Mahlzeit vom Vortag gemacht – Kohl und Bratkartoffeln mit Möhren oder Vergleichbarem. Das widerspricht dem ersten Rezept des angeblichen Resteessens, für das Maria Eilza Ketelby überhaupt keine Kartoffeln benötigte. Andererseits gibt es das neuere Hash Brown, eine Art Rösti, bei dem man Püree und Käse verwendet. Das Rezept für Kartoffelpuffer überlieferte uns die romantische irische Ballade „The Skillet Pot":

Hast du je Colcannon gegessen, gemacht aus lieblicher Pickled Cream,
mit dem Grünen und der Frühlingszwiebel vermischt wie ein Bild aus
einem Traum? Hast du je ein Loch gemacht ganz oben, zu halten den
schmelzenden Raspel aus der cremigen und geschmackvollen Butter, die
deine Mutter immer machte?
Ja, das hast du, ja, das hast du, und so tat's er und so auch ich.
Je mehr ich daran denke, umso näher bin ich dem Tränen Nass.
Oh, waren es nicht die glücklichen Tage, Tage ohne Lebenslast?
Wo die Mütter machten Colcannon im kleinen runden Topf.

Eine andere Erscheinungsform ist das irische Boxty, sogar mit einem Liedchen:

Boxty auf dem Grill, Boxty in der Pfann',
kannst du es nicht, wird fehlen dir der Mann.

Das *Dublin University Magazine* (1854) lieferte eine präzise Zubereitungsanleitung für Boxty:

Zwei kalte gut gegarte Kartoffeln mit dem besten Mehl, dem Eigelb eines frischen Eis, ein wenig Butter und einer Tasse frischer Milch mischen. Das Ganze gut durchkneten, dann mit einem Nudelholz ausrollen, bis ein 1½ cm flacher Kuchen entsteht. Diesen auf einem Grill rösten.

RECHTS: *Kartoffel* (Solanum Tuberosum) *aus einem Buch über Giftpflanzen.*

5
4
2
7
3
6
1

KAPITEL

6

OST TRIFFT WEST

Sklavenkost, die um die Welt ging

So prachtvoll illustrierte Samenpäckchen stellte im frühen 20. Jahrhundert das amerikanische Saatgut-Unternehmen Burpee's her, das um 1915 eine Million Samenkataloge jährlich verschickte und eine neue Generation werdender Gärtner inspirierte.

REIS UND BOHNEN

Reis und Bohnen hätten als Hauptgericht des Kolumbianischen Austauschs auf der Flagge der Karavellen aller seefahrenden Nahrungssammler der Welt prangen können. Reis stand für Sklaverei und den Osten, die Bohne für eine lange Geschichte und den Westen. Zusammen werden sie von China über Italien und die Karibik hinweg bis nach Brasilien gegessen.

Und sogar in Japan als *sekihan*, Adzukibohnen zu Reis, der mit ihrem Wasser gefärbt wird, so wie man es in Südamerika mit dem von Schwarzbohnen tut, als ob ein Austausch zwischen den Köchen stattgefunden hätte. Weitere Beispiele sind *Risibisi* aus Italien, jamaikanischer Reis mit Bohnen oder kubanische Blutsuppe, nicht zu vergessen, wenn man den Seeweg der Sklavenschiffe nach Westafrika zurückverfolgt, *waakye* aus Ghana.

FRISCH UND GETROCKNET

Die meisten heute bekannten Bohnen stammen aus den Amazonaswäldern: Die Hülsen der Garten-, Schnitt-, Stangen-, Busch- und Grünen Bohne fallen unter die langweilige wissenschaftliche Bezeichnung *Phaseolus vulgaris* (gemeine Bohne), um sie von der fantasievoller benannten *Vicia faba* zu unterscheiden – der Faba- oder Ackerbohne, die seit Urzeiten Teil der mediterranen Küche ist.

Schwarze und Weiße, Borlotti-, Grünkern-, Spargel-, Feuer- und Pintobohnen kommen vom Amazonas, wobei das Wort „Bohne" mit so vielen Bedeutungen verknüpft wurde, dass es fast nichts mehr aussagt. Nachdem sie das neue Lebensmittel so getauft hatten, schienen Bauern und Köche der Alten Welt ihre Vorstellungen ungern aufgeben zu wollen. Die Varianten sind sprachwissenschaftlich noch interessanter: Zu den weißen (Canellini-)Bohnen in Baked Beans etwa gehören auch Sorten wie Great Northern, Rainy River, Robust, Michelite und Sanilac.

Schon die Azteken wussten, dass Trockenbohnen erst nach dem Einweichen und Kochen genießbar sind. Sie enthalten das Toxin Phytohämagglutinin (hier zog jemand alle lexikografischen Register), das Erbrechen und Durchfall verursacht.

DER EINFLUSS DER MAUREN

Reis verbreitete sich ab ca. 5000 v. Chr, eventuell auch früher, von China aus durch Asien und bis nach Persien. 1000 v. Chr. hatte er Japan und Korea erreicht. Auf dem asiatischen Kontinent wuchsen auch andere Wildgräser, und unser heutiger Reis entstand aus zahlreichen Kreuzungen. Sein Weg führte weiter nach Indonesien im Süden und Indien im Westen. Er kam zwar etwa zeitgleich nach Persien, doch die Römer lernten ihn wohl erst um 325 v. Chr. kennen, als Alexander der Große in den Mittleren Osten vorstieß. Wenngleich sie Reis nicht zum Anbau vorsahen, importierten oder stahlen sie ihn gern als fertiges Endprodukt. Während er sich relativ schnell in Asien etabliert hatte, nahm Europa ihn anscheinend nur zögerlich an. Vermutlich wurde er über Handelsstationen – Griechenland, Türkei, Ägypten – bekannt, doch er setzte sich nur langsam durch; womöglich war die Landwirtschaft in jenem dunklen Zeitalter auch außerstande, die Felder mit dem neuen Nahrungsmittel zu bestellen. Zur Akzeptanz von Reis in Europa trugen hauptsächlich die Mauren bei, die ihn als muslimische Speise, ein Geschenk Afrikas, nach Spanien brachten. Er breitete sich schrittweise aus. Schranken gab es möglicherweise aufgrund der bestehenden Landwirtschaft oder hinsichtlich der Sicherheit. Die Vorstellung einer mit Reisfeldern umgebenen mittelalterlichen Stadt mochte Ängste vor Raubarmeen schüren, die sich zum Einfallen, Plündern und Vergewaltigen bewogen sahen; vor allem Italien war seinerzeit ein Flickenteppich aus kleinen, angreifbaren Königreichen. Schließlich gelangte der Reis in die Lombardei, wo Händler in ihm eine lukrative Möglichkeit sahen, die Bevölkerung mit Nahrungsmitteln zu versorgen. Sie fühlten sich ermutigt, das Flachland zu fluten und Reis anzupflanzen. Dies war keine Subsistenzwirtschaft, sondern organisierte, imperialistische Planung. Blancmanger – eine frühe Form von Milchreis – fand sich gegen 1700 in den ersten gedruckten Kochbüchern Europas, blieb aber wahrscheinlich Monarchen, Adligen und Schiffskapitänen vorbehalten. Für gewöhnliche Bauern schied er aus, so wie er in Nordeuropa bis heute keinen hohen Stellenwert hat. Da die Bestellung der Felder arbeitsaufwendig war, baute niemand ihn freiwillig an. Feudalistische Gegenden in Südeuropa, etwa Valencia oder die Poebene, erzwangen seine Einführung unter sklavereiähnlichen Umständen.

Was auch immer der Hemmschuh war, verhinderte nicht den Reisexport in die Neue Welt von Spanien und Portugal aus oder sogar auf direktem Weg,

Reisterrassen an einem Hang in Longji in der chinesischen Provinz Guangxi. Longji *bedeutet „Drachenrücken", weil die Terrassen in ihrer gewundenen Anordnung an die Schuppen des Fabelwesens erinnern. Gebaut wurden sie vor ungefähr 650 Jahren.*

BOHNEN DURCHEINANDER

Pintobohnen (hier in ihren Hülsen) eignen sich als Grundnahrungsmittel und Fleischersatz zu Reis und Tortillas, da sie alle vom Menschen benötigten Aminosäuren enthalten.

Obgleich sich für manche Rezepte beliebige Bohnen verwenden lassen, überwiegen zwei Sorten, aus denen die Gastronomie ähnliche Speisen zubereitet: Weiße und Schwarzbohne. Erstere ist bräunlich gestreift und heißt in spanischsprachigen Regionen Amerikas *poroto frutilla* (Erdbeerbohne), in Brasilien *carioca*, womit man auch eine Person aus Rio de Janeiro bezeichnet. Weiße Bohnen werden in Nordamerika am häufigsten zu Brei, Mus oder Fertiggerichten verarbeitet, in Teigrollen und als Chili Con Carne serviert.

Die kleinere Schwarzbohne ist eine Zutat der Cajun-, kreolischen und allgemein mittelamerikanischen Küche. In *moros y cristianos* auf Kuba (wörtlich „Mauren und Christen", man sagt auch „Sünder und Heilige") darf sie ebenso wenig fehlen wie in *gallo pinto* aus Costa Rica und Nicaragua oder dem venezolanischen *pabellón*. Auch veredelt sie das brasilianische Nationalgericht *feijoada*, einen Eintopf mit Rind- und Schweinefleisch, dessen Wurzeln in Mesoamerika und Übersee liegen, in Portugal mit seinen Kolonien Macao, Angola, Mosambik und Goa. Die Portugiesen selbst geben die Gegend um Estremadura als Ursprungsort an.

Eine portugiesische *feijoada* besteht aus Schwarzbohnen mit frischem Schwein oder Rind. Im Nordwesten des Landes nimmt man auch Weiße Bohnen, im Nordosten Kidneys und dazu noch weiteres Gemüse: Tomaten, Karotten sowie Kohl. Normalerweise reicht man sie mit Reis und Würstchen, die traditionell im selben Tontopf gekocht werden. Brasilianer variieren schwarze, weiße und rote Bohnensorten zu gesalzenem Schweinefleisch (auch Ohren, Pfoten und sogar Schwanz), Schinkenspeck oder Rippchen und und dazu mindestens zwei Arten von Rauchwurst sowie Trockenrindfleisch (Lende oder Zunge) bzw. Beef Jerky, alles zusammen in einem schweren Tontopf gekocht. Beilagen sind stets weißer Reis und Gemüse.

Nordamerikanische Baked Beans gehen in all ihren Facetten auf den Stamm der Penobscot in Maine zurück. Dessen Sitte, auf heißen Steinen in mit Erde geschlossenen Löchern zu kochen, wurde nach der Kolonialisierung durch die Europäer jahrhundertelang in Holzfällerlagern weiter gepflegt, wo man kaum etwas anderes als Bohnen zu essen schien wie im Fall der bekannten Geschichte von einem Segelschiff aus Madagaskar, das 1694 in Charleston anlegen musste. Es heißt, Kapitän John Thurber sei dort für Reparaturarbeiten vor Anker gegangen, nachdem er in einen Hurrikan geraten war. Er begegnete dem prominenten Henry Woodward, dem ersten englischen Siedler in der Gegend, und schenkte ihm zum Dank einen Sack Reis, woraufhin der Anbau begonnen haben soll. Das liest sich zwar stimmig, widerspricht jedoch den Tatsachen, da wir wissen, dass Reis bereits seit 1609 in Nordamerika wie auch der Karibik verwendet wurde und sich ab spätestens den 1690er-Jahren von North über South Carolina den Mississippi hinab ausbreitete.

DER CAROLINA TRAIL

Mexiko hatte 1522 eine erste Reislieferung aus Asien empfangen, während afrikanischer Reis (*Oryza glaberrima* im Gegensatz zum sogenannten gemeinen asiatischen *Oryza sativa*) per Schiff mit Sklaven aus Anbaugebieten um Sierra Leone kam – und im 17. Jahrhundert auf Märkten in North und South Carolina Spitzenpreise erzielte. Sein Weg dorthin lässt sich dadurch erklären, dass Farmer und Sklaven von den Bahamas, die ursprünglichen Besiedler der Region, die Pflanze mitbrachten. Für die dort ansässigen Grundbesitzer waren Land, Arbeitssklaven und Reis zusammen drei so einträgliche Quellen, dass ihr Reichtum zumindest teilweise schon bestimmte, wie sich die politische Macht in den Vereinigten Staaten aufteilte.

Der Legende nach kam der Reis im Haar einer Sklavin nach Südamerika.

Weiter südlich in der Karibik und bis nach Brasilien verköstigte man Leibeigene mit Reis – der Legende nach kam er im Haar einer Sklavin nach Südamerika –, die ihn auf von Plantagenbesitzern zugeteilten Kleinflächen anbauten. Auch war er ein Grundnahrungsmittel in den wachsenden neuen Städten und ein potenzielles Ausfuhrgut. Erste für Lissabon dokumentierte Reisimporte datieren auf 1498 und 1506, wobei es sich aber um afrikanischen Reis handeln musste, da Vasco da Gama Indien noch nicht entdeckt hatte. Es gibt aber auch Hinweise darauf, dass sich Reis durch Anregung Portugals, das erst im 19. Jahrhundert selbst welchen anpflanzen sollte, sowie den Menschenhandel zwischen Afrikas Westküste und Südamerikas Osten viel früher etablierte.

Die klimatischen Bedingungen in South Carolina und Sierra Leone sind nicht allzu verschieden, aber die Hitze und Feuchtigkeit der Sümpfe machte den Reisanbau zur Schwerstarbeit, sodass ein Teufelskreis entstand: Je mehr Reis zur Ernährung der Sklaven erforderlich war, desto mehr Sklaven benötigte man, um die Felder zu bestellen. Zu Beginn des 18. Jahrhunderts betrug das Verhältnis zwischen ihnen und weißen Ansässigen zwei zu eins, 1740 waren neun von zehn Personen in Carolina unfrei. Vieles deutet darauf hin, dass es den ersten weißen Landwirten an Kenntnissen mangelte. Zunächst wollten sie Reis wie Weizen auf offenem Feld anbauen, obwohl portugiesische, niederländische und islamische Händler bereits die Methoden ostasiatischer Bauern niedergeschrieben hatten. Westafrikanische Sklaven erkannten die Notwendigkeit, die Sumpfströmung zu kontrollieren, und fingen an, die Flut von der Küste zur Bewässerung zu nutzen, was die Ernteerträge drastisch steigerte.

Dennoch war es Knochenarbeit. Im Frühling eggte und pflügte man die Felder, säte von Hand aus und flutete das Gebiet, bis die Körner keimten. Nach der Trockenlegung ließ man den Reis drei Wochen lang wachsen, dann wurde gejätet und wieder geflutet, bis er ganz unter Wasser stand. Nach ein paar Tagen ließ man die Hälfte ab (langsame Pegelsenkung), bis die Pflanzen von selbst stehen blieben. Der Vorgang wiederholte sich: jäten, trocknen, Boden auflockern, fluten und mit Frischwasser spülen; das ist auch zu Hause mit einem Eimer Erde, etwas sauberem Wasser und Reis machbar. Im September war er reif, wurde auf seinem Stroh getrocknet, gebündelt und gedroschen. Ohne Dampfkraft geschah noch alles von Hand – schwarzer Hand für gewöhnlich.

Reis ist, anders als Mais, eines der wesentlichen Konsumgüter des Menschen geblieben, eine essbare Konstante in seiner Ernährung, die man nicht unaufhörlich modifiziert. Von allen Getreidesorten wird er hinter Mais am zweithäufigsten angebaut und deckt Statistiken zufolge ein Fünftel des globalen Kalorienbedarfs. Dabei fungiert er überwiegend als Sattmacher, weil er im Zuge seiner Verarbeitung Nährstoffe verliert, was seinen Wert als Lebensmittel vermindert. Während brauner, also ungeschälter Reis äußerst gehaltvoll ist, schleift man Silberhäutchen und Keimling ab, um weißen zu erhalten, der jedoch viel Mangan, Phosphor, Eisen, Vitamin B1, B5 und B6 einbüßt. Andererseits verlängert sich die Haltbarkeit von einem halben Jahr auf zehn Jahre. Weißer Reis ist bekömmlich und empfiehlt sich daher für den Speiseplan Kranker, doch der eigentliche Nahrwert hängt von der Beilage ab – beispielsweise eben Bohnen.

ORIGINALREZEPT

BOHNEN MIT REIS (MOROS Y CRISTIANOS)

Dieses Gericht spielt zwar auf den Kampf der Spanier (weißer Reis) gegen die Mauren (Schwarzbohnen) an, wird aber vornehmlich mit Kuba verbunden. Hier kommt es auf die Reisfärbung mit schwarzem Wasser an:

Olivenöl	*400 g Schwarze Bohnen, Dose*
1 mittelgroße Zwiebel	*1 TL Trockenkräuter*
1 Knoblauchzehe, gehackt	*200 g roher weißer oder brauner Reis*
1 kleine Paprika, grün	*500 ml Wasser*
2 mittelgroße Tomaten	*1 EL scharfe Chilisoße*

Öl in einer großen Pfanne erhitzen. Zwiebel und Knoblauch schälen und hacken, in die Pfanne geben. Paprika schneiden, Kerne entfernen und bei niedriger Hitze braten, Tomaten vierteln und hinzufügen. 5 Minuten köcheln lassen, dann Bohnen, Kräuter und zuletzt Reis dazugeben. Mit Wasser auffüllen und aufkochen, zudecken und ziehen lassen. Mehrmals umrühren und Chilisoße beimengen. Nach 25 Minuten Herd ausschalten und zehn Minuten stehen lassen.

FRIJOLES

Über 40 000 schriftlich festgehaltene Bohnensorten sind eine Menge Nährstoffe in Hülsenform – und zwangsläufig weltweit verbreitet. Sarah Tyson Rorer veröffentlichte in *Mrs. Rorer's New Cook Book: A Manual of Housekeeping* (1902) dieses Rezept für *frijoles*, Bohnen nach mexikanischer Art::

2 Tassen braune mexikanische Bohnen waschen und eine Stunde in Wasser quellen lassen. Das Einweichwasser wegschütten und die Bohnen mit kochendem Wasser übergießen. Eine Stunde langsam kochen, ohne dass die Bohnen zu weich werden. Abtropfen lassen, 2 EL Olivenöl oder Rindernierenfett in eine Pfanne geben und erhitzen, die Bohnen dazugeben und unter Rühren vorsichtig anbräunen.

6 weich gekochte Chilis durch ein Sieb streichen und in einem Topf auffangen. Die frijoles, *eine klein geschnittene grüne Paprika sowie je eine Tasse gute Brühe und dickes Tomatenmus dazugeben, nach Geschmack salzen. 30 Minuten langsam garen. Die Bohnen dürfen nicht zerfallen, sondern müssen zart und innen trocken sein.*

Garten- oder Grüne Bohnen (Phaseolus vulgaris L. var. lucasianus). *Handkolorierte Lithografie aus: Louis van Houtte, Charles Lemaire.* Flore des serres et des jardins de l'Europe. *Gent, Belgien, 1867–1868.*

KAPITEL

7

DER LANGE WEG DES TRUTHAHNS

Ein Wildgeflügel kommt zum Fest

Great American Cock Male
VULGO (WILD TURKEY.) Meleagris Gallopavo

FIRKEE UND THANKSGIVING

In einem Brief an seine Tochter Sally frotzelte Benjamin Franklin 1784, der Truthahn eigne sich besser als Staatstier der USA als der Weißkopfseeadler. Dieser sei träge und charakterlich verdorben, weil er sich an den Früchten der Arbeit anderer Geschöpfe bereichere. Der Truthahn sei „sehr viel respektabler“ und auch wirklich heimisch in Amerika, wenngleich „ein bisschen eitel und dumm“, aber tapfer. Er „würde den Angriff auf einen britischen Grenadier nicht scheuen, wenn dieser seinen Bauernhof mit einer roten Uniform überfalle“.

Was wir heute als Pute kennen, hat recht wenig mit den Ahnen der Truthühner zu tun, deren forensische Spur nach Mesoamerika führt. Die Azteken domestizierten sie und hielten sie in oder bei ihren Häusern, aßen ihre Eier und nutzten die Federn – ausgewachsene Exemplare haben bis zu 5000 davon – nicht nur als Kopfschmuck, sondern auch zum Dämmen und Polstern.

Die Tiere verkörperten die Trickster-Figur und Gottheit Tezcatlipoca, zu deren Ehren zweimal jährlich über Monate hinweg gesammelte Eierschalen auf den Straßen ausgestreut wurden. Die Zahl der auf aztekischen Märkten angebotenen Truthühner mochte bisweilen im vierstelligen Bereich liegen, wobei man weiß, dass sie keine Hauptnahrungsquelle darstellten. In den Abfallgruben ihrer Dörfer fanden Altertumsforscher anders als in weiter nördlich gelegenen Navajo-Siedlungen keine Knochen.

Genetisch war das Truthuhn bis vor etwa 11 Millionen Jahren ein Fasan. Seine Herkunft lässt sich sowohl nach Yucatan und Guatemala als auch Mexiko und Nordamerika zurückverfolgen. In der Wildnis ist es ein starker Flugvogel, der bis zu 90 km/h schnell fliegt und über 30 km/h läuft. Es war in den Wäldern Nordamerikas weitverbreitet und nachts leichte Beute für Siedler, da es im Dunkeln schlecht sieht.

Die Spanier importierten es 1519 nach Europa, wo es aufgrund seiner Größe bei Banketten beliebt und zunächst mit dem von den Portugiesen nach Europa gebrachten Perlhuhn verwechselt wurde, denn die Tiere kamen

LINKS: *Ein* Wildtruthuhn *aus Maler James Audubons Buchklassiker* Vögel in Amerika *(1827–1838). Benjamin Franklin fand den Vogel als Symbol für Amerika so passend, dass er ihn gern anstelle des Weißkopfseeadlers zum Wappentier der USA gekürt hätte.*

gleichfalls aus Afrika. Die englische Bezeichnung *turkey* prägten vermutlich Kaufleute, die auf türkischen Märkten handelten und daher fälschlicherweise vom „Vogel aus der Türkei" sprachen. Eine noch plausiblere etymologische Herleitung besagt, das Wort leite sich von *firkee* ab, dem Oberbegriff der Navajos für alle Vögel.

Da Columbus glaubte, Indien erreicht zu haben, bürgerten sich weitere irrtümliche Benennungen ein – im Französischen *coq d'Inde*, im Italienischen *galle d'India* und im Deutschen *Hahn Indiens*. In Indien heißt es wiederum *peru*, und der Entdecker selbst dachte, es sei ein *tuka*, also Pfau.

Der Seefahrer William Strickland aus England, der mit Sebastian Cabot segelte, soll die Truthühner ebendort eingeführt haben. Fest steht, dass er 1521 mit sechs Vögeln in Bristol landete und binnen 30 Jahren so reich wurde, dass er ein königliches Wappen mit der allerersten Darstellung des Tiers in der Alten Welt erhielt. Ein beachtlicher Aufstieg zum Ruhm.

Truthühner wurden 1607 nach Jamestown in Virginia verschifft und begleiteten 1620 auch die Pilgerväter.

MYTHEN UM THANKSGIVING

Dass die Pilgerväter zu ihrem ersten Thanksgiving 1621 in der Kolonie Plymouth wirklich Truthahn aßen, ist zu bezweifeln. Ein gewisser Edward Winslow, der das Fest in einem Brief schilderte, erwähnte Vögel nur beiläufig:

> Nach der Ernte schickte unser Gouverneur vier Mann auf die Jagd, damit wir die Früchte unserer Arbeit auf besondere Weise feiern konnten. Sie erlegten an einem Tag so viel Wild, dass die Gemeinde fast eine Woche lang wenig mehr zum Essen brauchte.

Im Folgenden berichtet er, eine Gruppe von 90 Ureinwohnern hätte sich für drei weitere Tage den Feierlichkeiten angeschlossen und dazu fünf Hirsche beigesteuert. Gouverneur William Bradford behauptete, Wildtruthühner seien zahlreich gewesen, meinte aber vielleicht anderes Kleingeflügel wie Gänse oder die nunmehr ausgestorbene Wandertaube. Man mag diese Vögel vorgegart und für den ersten Tag gebraten haben, woraufhin einzelne Teile mit den Knochen und Mais zu Schleimsuppe verkocht wurden. Die Engländer bewirteten ihre Gäste ferner mit einem Gericht aus Kabeljau und Mais.

Diese ersten Siedler pflanzten Rüben, Karotten, Zwiebeln, Knoblauch und Kürbis, die sie ebenfalls zum Feiern aufgetischt haben dürften. Allerdings besaßen sie weder Weizen noch Butter, weshalb es wahrscheinlich kein Gebäck wie in ihrer Heimat gab. Archäologen halten Räucherfisch für denkbar, während die europäischen Kolonisten manche jetzt unerlässlichen Bestandteile eines Thanksgiving-Mahls – etwa Cranberry-Soße – noch nicht kannten.

Das heutige Thanksgiving-Dinner verdankt sich der Überlieferung nach Sarah Josepha Hale, die 14 aufeinanderfolgende Präsidenten um die Einführung des Feiertags bat, bis sie von Abraham Lincoln erhört wurde. Dieser wollte damit die Wunden des Bürgerkriegs heilen.

Hale war Lehrerin und mit 34 Jahren verwitwet, hatte fünf Kinder und wurde Schriftstellerin; zu ihren Werken zählen das Gedicht „Mary Had a Little Lamb" und der Roman *Northwood*, in dem sie Sklaverei und Emanzipation thematisierte. Eine Passage erzählt über Feierlichkeiten zur Landung eines Schiffs mit Lebensmitteln von daheim und einem zurückkehrenden Sohn:

> Die Tafel war mit Damasttuch bedeckt, das weiß wie feinster Importstoff strahlte und sich auch fast genau so anfühlte, obwohl Mrs. Romilly es aus handgesponnenem Garn gewoben und gebleicht hatte. Nun erfreute es den ganzen Haushalt. Alle Kinder saßen um den Tisch; je mehr, desto besser, denn man darf sich glücklich schätzen, zu Thanksgiving von einer großen Familie umgeben zu sein. Es sind stets genug Vorräte für viele da, weil jeder Bauer zu dieser Jahreszeit hinreichend versorgt ist, sodass alle stolz sein können, ihren Überfluss und Wohlstand zu zeigen. Der gebratene Truthahn war zu dieser Gelegenheit am wichtigsten und wurde am Kopfende der Tafel aufgestellt, eine ihm angemessene, erhabene Position. Er duftete herrlich nach seiner schmackhaften Füllung und glänzte vom Schaum seines Safts. Am anderen Ende stand wie ein Bollwerk zur Verteidigung der unzähligen Soßenschalen und Gemüseteller ringsum ein Rinderfilet, daneben jeweils eine Schweine- und Schaflende …

Die fortlaufende Beschreibung erwähnt alles von Gans über Entenküken bis zu „Eiercreme und Süßgebäck aller Art, die Yankee-Land kannte, doch der Kürbiskuchen nahm einen besonderen Platz ein".

SARAH JOSEPHA HALES ERSTES THANKSGIVING

Illustration eines unbekannten Künstlers zum ersten Thanksgiving in der Neuen Welt 1621. Das von Ureinwohnern mitgebrachte Wildbret ist weitgehend vom Festtags-Speiseplan verschwunden und auch hier nicht zu sehen.

Gänsebraten war in England und auf dem europäischen Festland an Feiertagen am beliebtesten, bis Charles Dickens 1843 in *Eine Weihnachtsgeschichte* erzählte, wie der reuige Scrooge seinem ausgebeuteten Angestellten Bob Cratchit einen Truthahn schenkte. Den aß ab 1851 auch die Königsfamilie anstelle von gebratenem Schwan.

Schon zwei Jahrzehnte früher aber veröffentlichte die illustre Sarah Josepha Hale dieses Menü, auf dem nun jedes Thanksgiving-Dinner beruht:

Putenbraten mit Cranberry-Soße

Rüben

Suppenhuhn mit Selleriesoße

Wildgemüsepastete

Kochschinken

Winterkürbis

Warmer Krautsalat

Gänseschmorbraten

Süßkartoffelpüree

Kürbismus

Zitronensoufflee

Hale wurde Redakteurin des *Ladies' Magazine*, woraus das einflussreiche *Godey's Lady's Book* hervorging. Darin wurden Autoren wie Nathaniel Hawthorne oder Oliver Wendell Holmes vorgestellt – und Rezepte, an die sich Generationen von Köchen halten sollten.

TURKEY-TALK

Fehlschlüsse hinsichtlich des Ursprungs der Truthühner sind nur ein Teil der Begriffsgeschichte von *turkey*; die Assoziationen waren zahlreich. Das Wort diente lange der Verunglimpfung („Feigling"), ging aber auch in den Theaterjargon (öde oder erfolglose Vorstellung) und den alltäglichen Gebrauch über. *Talking turkey* etwa bezog sich auf einen Cowboy, der einen Indianer beschwindelt, und steht mit *gobbledygook* (Kauderwelsch) in Verbindung, einer Schöpfung des texanischen Politikers Maury Maverick von 1944.

Cold turkey ist älter und leitete sich wohl von *talking turkey* ab, zunächst für „rundheraus" und erst ungefähr 1920 in der Bedeutung von „kalter Drogenentzug". Schon 1877 jedoch druckte die britische Satirezeitschrift *Judy* einen der ersten Comicstrips von Ally Sloper, dessen Pointe darin bestand, dass ein Weihnachtsgast zu seinem enormen Verdruss nicht einmal einen festlichen Braten, sondern stattdessen zu jeder Mahlzeit kalten Puter serviert bekam.

In Schottland war *turkey-cock* eine Lautmalerei, die sich in das reizende *bubblyjock* verwandelte. Damit war entweder abfällig das Gurren des Vogels gemeint oder eher wörtlich das Blasen werfende Nasensekret eines Verschnupften. Dieser war indes *snotty-nosed*, was aber schließlich „hochnäsig" heißen sollte.

Es gibt sogar einen Tanz: Der *turkey trot* wurde als ein anrüchiger Ragtime-Tanz erstmals 1895 erwähnt und war ein Vorläufer des weniger verfänglichen Foxtrott – zu herzig und ländlich für die feine Gesellschaft.

RÜCKKEHR ALS INDUSTRIEPRODUKT

Die Zucht von Truthühnern war weder auf kleinen Höfen noch auf Großfarmen einfach. In der neuen Neuen Welt wurden sie meistens in großer Zahl gehalten, in England vor allem auf den Getreidefeldern East Anglias. Man „beschuhte" die Vögel, wozu sie durch heißen Teer laufen mussten, zum Schutz ihrer Füße auf dem langen Weg nach London (daher auch hier der Ausdruck *turkey trot*) im Herbst.

Die frühen Siedler hatten leichtes Spiel mit ihnen. Schon 1626 ordnete Plymouth eine Schonzeit für die Truthühnerjagd an, damit sie sich wieder vermehren konnten, doch im folgenden Jahrhundert wurden sie beinahe ausgerottet und verschwanden aus über 18 Bundesstaaten. 1793 wurden vor Weihnachten in vier Tagen 2500 Tiere per Personenkutsche von Norwich nach London transportiert. Da sie mehr Geld „zahlten" als Menschen, wurden diese nicht mitgenommen und alle geplanten Fahrten bis zu den Festtagen gestrichen.

Ihren Erhalt verdanken die Truthühner einer überraschenden umweltpolitischen Entscheidung: Kraft des Pittman-Robertson Act von 1937 wurde die Wildvogeljagd besteuert und erforderte eine Genehmigung. Allerdings ließen sich die Vögel nicht so leicht fangen wie schießen, weshalb Naturschützer nur mit Netzpistolen, die erstmals 1951 in South Carolina zum Einsatz kamen, Erfolg hatten und die Vögel in sicherere Lebensräume umsiedeln konnten. Dies trug zu einer neuerlichen Bestandsvergrößerung der Wildtruthühner in Nordamerika bei, in höherem Maße noch als ihre Zucht auf Farmen. Heute sind in den meisten Staaten außer Alaska geschätzt über sieben Millionen Truthühner wild lebend. So wurde aus einem anfangs unauffälligen, willkürlich anmutenden Gesetz eine ökologische Glanzleistung.

Heute sind in den meisten Staaten außer Alaska geschätzt über sieben Millionen Truthühner wild lebend.

Während das Fleisch von Vögeln aus freier Natur dunkler ist und Wildbret ähnelt, strebte die Industrie das Gegenteil an und züchtete auf weißes Fleisch hin, obwohl es sich um genetisch identische Tiere handelt. Für Thanksgiving werden jährlich mehr als 350 Millionen Truthühner aufgezogen. In Minnesota nahm 2007 ein Kraftwerk seinen Betrieb auf, das Wärme mit ihrem Kot erzeugt. *Heritage turkey* ist in den USA ein Gütesiegel für Vögel, die nach Kriterien artgerechter Haltung aufgezogen werden. Bei der Schlachtung müssen sie mindestens drei Jahre alt sein. Sie kosten jeweils bis zu 200 Dollar, was vermutlich schon mehr über das Schicksal ihrer Artgenossen in Massenhaltung aussagt, als man wissen möchte.

ORIGINALREZEPT

ALLE KNOCHEN BRECHEN: GEFLÜGELZUPFBRATEN

Bevor Öfen zum Braten zum festen Inventar jedes Haushalts gehörten, wurden Huhn oder Pute gekocht und wie in diesem Fall „gezupft". *Miss Leslie's New Cookery Book* von 1857 zeigt, dass dies viel Arbeit war, nachdem man „zartes Geflügel" gekocht hatte::

Dann alles Fleisch mit einer Gabel abstreifen (zuvor häuten), mit einem Hackmesser alle Knochen brechen und in einen großen Suppentopf geben. Zwei zerteilte Kalbsfüße, ein Eisbein, ein kleines Bündel Petersilie und Majoran sowie einen guten Liter Wasser hinzufügen. Köcheln lassen, bis es auf zwei Tassen reduziert ist, alles herausnehmen. Das gezupfte Fleisch in einen zweiten Suppentopf legen, die Flüssigkeit aus den Knochen darüber streichen, ein Stück frischer, in Mehl gerollter Butter (so groß wie ein kleines Ei) dazugeben sowie einen Teelöffel mit geriebenem Muskat. Alles verrühren und das Zupffleisch zehn Minuten im Saft ziehen lassen. Heiß servieren.

Selbst in mageren Zeiten war das Weihnachtsmahl etwas Besonderes. Die folgende Erinnerung stammt aus dem Tagebuch der in Massachusetts geborenen Julia Johnson Fisher, die 1864 in Georgia auf ihr Leben zurückblickte:

Der Truthahn wurde mit Maisbrot angerichtet. Als Nachspeise gab es wässrigen Maisbrei mit eingeweckten Heidelbeeren und Schweineschmalz; die Soße aus Zuckersaft, den wir uns geborgt hatten, war mit Mehl angedickt – es schmeckte ausgezeichnet. Was haben wir geschlemmt!

Puritanische Freuden – ein großer Truthahn, ein Krug Alkohol und ein Kuchen mit Fußblock, umgeben von vergnügten Pilgern. Bild von Louis M. Glackens aus dem Verlag Keppler & Schwarzmann, 19. November 1913.

KAPITEL 8

WEIZEN-REVOLUTION

Von Windkraft und Wissenschaft

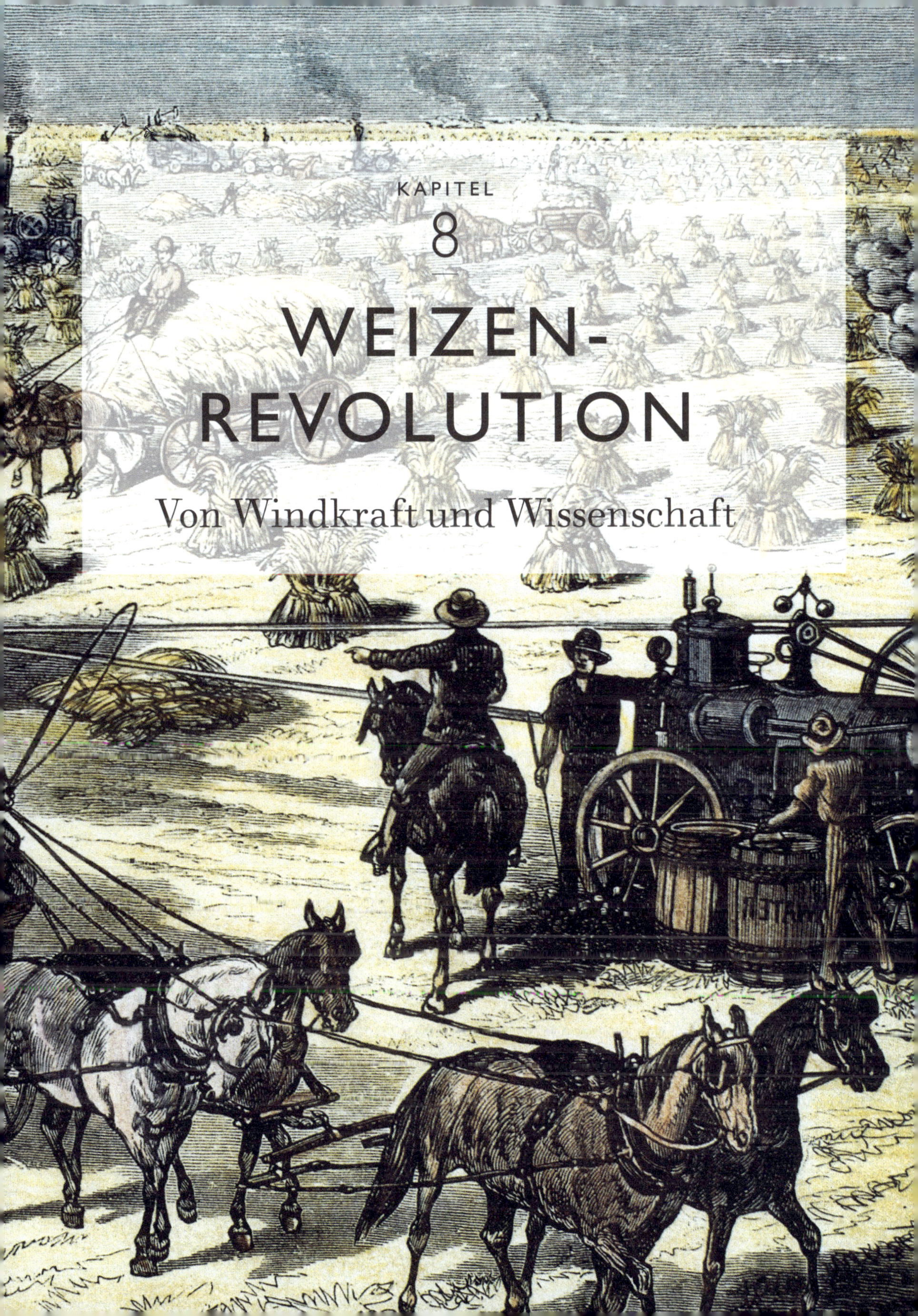

Weizen (Triticum vulgare) *aus Hermann Adolph Köhlers* Medizinal-Pflanzen, *1887.*

UNSER TÄGLICH BROT

Der genetische Urtyp heutiger Weizenarten wächst noch an den Hängen des Vulkans Karacadağ an der türkisch-syrischen Grenze. Dass jemand dank eines Geistesblitzes anfing, Brot zu backen, ist eher unwahrscheinlich; es dürfte nach dem Versuchsprinzip gelaufen sein, indem man Gräser kreuzte, ihre Körner probierte und mahlte. Vermutlich wurden die Keime zunächst mit Wasser zu Brei gemischt, bis die Idee aufkam, diesen zu erhitzen und zu backen. DNS-Spuren, die auf Emmer-Kulturen hindeuten, lassen sich bis fast ins 10. Jahrtausend v. Chr. zurückverfolgen. Zeichen dafür, dass gebacken wurde, finden sich ab 8000 v. Chr. im levantinischen bzw. östlichen Mittelmeerraum, dem Morgenland aus europäischer Sicht.

Einen Eindruck davon, wie aufregend die Errungenschaft damals gewesen sein muss, vermittelt viel später Auguste Parmentier, der 1853 schrieb:

> Der Botaniker Michaux entdeckte in Persien, vier Tagesreisen von Hamadan entfernt, eine Bergregion, wo Weizen (ein als Spelz, abgeleitet vom Lateinischen *spelta*, bekanntes Getreide) wild wächst, woraus wir schließen dürfen, dass er seinen Ursprung in diesem oder einem anderen nahe gelegenen asiatischen Land hat. Von dem Getreide wurde früher mehr als heute angebaut; nichtsdestoweniger wird davon in Italien, der Schweiz, der Picardie, im Elsass und im Limousin Brot gebacken – mit Spelz, einer größeren Menge Treibmittel und vor allem Salz. Es ist weiß, locker, schmackhaft und bleibt mehrere Tage lang frisch.

Die meisten Menschen im antiken Europa und Nahen Osten verarbeiteten Weizen zu Brei, nicht Brot. Cato der Ältere notierte 160 v. Chr. dieses Rezept für „punische Schleimsuppe“:

> Man weiche 1 Pfund Schrot in Wasser ein, gebe es in eine saubere Schale und füge 3 Pfund frischen Käse [Ricotta], ½ Pfund Honig sowie 1 Ei hinzu, mische alles gründlich und fülle es in einen anderen Topf.

Weizen gelangte auf Handelswegen gegen 6500 v. Chr. nach Griechenland, Zypern und Indien. Die Ägypter schätzten ihn sehr, und in römischen Texten über das Agrarwesen ist von seiner „Herrlichkeit" die Rede.

Ein Jahrtausend später war er in den Gebieten Deutschlands und Spaniens angekommen. Etwa 3000 v. Chr. erreichte er England und Skandinavien, doch es dauerte weitere rund tausend Jahre, bis er nach China kam. Das Mehl enthielt noch wenig Gluten, weshalb sich nur Fladenbrote daraus backen ließen. Belege für die Verarbeitung von Hefe datieren auf ungefähr 1350 v. Chr. und stammen aus den Überresten einer Bäckerei im griechischen Thessaloniki.

Unter sprachwissenschaftlichen Gesichtspunkten ist „Brot" mit dem englischen *bread* und dem niederländischen *brood* verwandt. Die Ähnlichkeiten gehen bis zum Beginn des 2. Jahrtausends n. Chr. zurück, wobei zwei Theorien zum br-Laut existieren: Eine besagt, er rühre vom Bierbrauen her, und verbindet damit (halbwegs logisch) Hefe, die andere leitet ihn von „brechen" wie in „Brotbrechen" ab. Dieses Nahrungsmittel ist so wichtig, dass es weltweit für Geld (siehe „Knete", also Teig) und das Leben an sich steht.

Dieses Nahrungsmittel ist so wichtig, dass es weltweit für Geld (siehe „Knete", also Teig) und das Leben an sich steht.

KLIMAKATASTROPHE

Zur Zeit der Einführung von Weizen in Amerika durch die Siedler dürften die Erntetechniken die gleichen gewesen sein wie auf den ersten Höfen der Levante. Das zugehörige Vokabular änderte sich: Man mähte mit Sicheln, drosch mit Flegeln und ging zum Müller. 1830 erbrachten vier Mann mit zwei Ochsen in zehnstündiger Arbeit knapp 5,5 t. Im US-Bürgerkrieg war er mitentscheidend: Getreide gegen Baumwolle. Der Weizen des Nordens ernährte Soldaten und ließ sich nach Europa verkaufen. Der Süden war abhängig vom Handel mit Baumwolle, der bei einer Blockade zum Erliegen kam. Und Baumwolle kann man nun mal nicht essen.

Weizenprodukte erscheinen uns alltäglich, doch ist der Anbau des Getreides eine heikle Sache und klimaabhängig, was wir seit gerade mal 100 Jahren wissen. Vorher hatte man geglaubt, es würde genug regnen, sobald man die Felder bestellte, bestimmte Sorten wüchsen nur auf bestimmten Böden oder junger Weizen müsste vor dem Pflanzen erst eine Weile gelagert werden. In den USA forcierte die Erschließung des Westens und der Great Plains den Fortschritt, doch zuvor erschütterte eine Umweltkatastrophe nahezu biblischen Ausmaßes den Kontinent.

Die Kolonisten hatten das weite Flachland als nicht urbar aufgegeben, weil das Wasser dort knapp war. Sie setzten es mit einer Wüste gleich, aber nach dem Bürgerkrieg lockte die Bundesregierung hoffnungsvolle Farmer mit Gütern von je 65 Hektar, und die neue Transcontinental Railroad brachte immer mehr Menschen in die Region.

Eine unter damaligen Klimaforschern weitverbreitete, gefällige Erklärung lautete, der Regen folge dem Pflug und setze nach der Ernte wieder ein, bloß handelte es sich bei den niederschlagsreichen Jahren lediglich um einen tückischen Zufall. Zuerst züchtete man Vieh. Da die Rinder und Schafe alles schnell abgrasten, verlegten sich die unbedarften Bauern auf Getreide und insbesondere den neuen Weizen. Die Regierung bot in ihrem Übermut größere Ländereien von bis zu 130 Hektar an, in Nebraska sogar das Doppelte.

In den Samenkatalogen waren mit bitterer Ironie Weizensorten mit Namen von Stämmen der Ureinwohner aufgelistet, deren Gebiete man gerade annektiert hatte – Pawnee, Comanche oder Wichita.

Während einer weiteren Regenzeit Anfang des 20. Jahrhunderts zog es mehr Siedler nach Westen, die den Acker dank des mechanischen Pflugs und des Traktors umso schneller aufwühlen konnten. Während des Kriegs in Europa und der Russischen Revolution schossen die Weizenpreise auf dem Weltmarkt in die Höhe. Die Fläche, die man im Westen der USA zugeteilt bekam, verdoppelte sich von 1900 bis 1920 und verdreifachte sich noch einmal in den nächsten zehn Jahren. Niemand ahnte das bevorstehende ökologische Desaster.

DER DUST BOWL

Überweidung und Tiefpflügen hatten die Gräser geschwächt, die den Mutterboden mit den festeren Erdschichten verbanden; als im Folgejahrzehnt Trockenheit einsetzte, lockerte er sich auf und wurde so bröselig, dass er verwehte. Gewaltige Sandstürme kamen auf, die schwarze Wolken über die Prärie jagten und allem Leben die Luft raubten. Einer der stärksten wütete am 9. Mai 1934 in South Dakota und wehte von Kontinentalwinden beschleunigt bis nach Chicago, wo angeblich Tausende Tonnen Staub niedergingen. Zwei Tage später erfasste er New York und Washington, D.C. Der 14. April 1935 wurde „Schwarzer Sonntag" getauft, weil von Kanada bis Texas mehr als

Farmer in einem Sandsturm auf seinem Hof in Mills, New Mexico. Fotografie von Dorothea Lange, April 1935. Der Staub, der Rinder unter sich begrub, wehte Richtung Nordosten bis Washington, D. C. und New York.

20 gewaltige Stürme über die Ebenen brausten und den Tag zur Nacht machten. Die im als Dust Bowl bezeichneten Einzugsgebiet ansässige Avis D. Carlson schilderte in ihrem Tagebuch: „Wir leben mit dem Staub und essen ihn, schlafen damit und sehen dabei zu, wie er nimmt, was wir haben und was wir zu bekommen hofften." Während der Wind den trockenen Boden aufwirbelte, entstand Reibungselektrizität, die sich in Gewittern entlud; das Vieh erstickte buchstäblich im Staub. Insgesamt verloren annähernd eine Viertelmillion Menschen ihr Heim und alles, was sie besaßen, außer dem, was sie im Wagen mitnehmen konnten. Sicherlich fürchteten viele, bald ihrem Schöpfer entgegentreten zu müssen.

Dieser Teil der Geschichte des Weizens ist in John Steinbecks Meisterwerk *Früchte des Zorns* und den Fotografien von Dorothea Lange verewigt, den Liedern von Woody Guthrie, dem Country-Subgenre Bakersfield Sound und jüngst Mumford & Sons' „Dust Bowl Dance". Das Album Dust Bowl Ballads von 1940 war mit Stücken wie „I Ain't Got No Home in the World Anymore" oder „Dust Pneumonia Blues" Guthries größter Erfolg.

Nach den schlimmen 1930er-Jahren verteuerte sich Weizen infolge des Zweiten Weltkriegs abermals, weshalb die US-Regierung den Farmern beisprang und sie überredete, ihren Boden wieder zu beackern.

DER WEIZENPIONIER

Die Weizenwirtschaftskrise Mitte des Jahrhunderts ging mit einem neuen Ansatz der Agrarforschung einher. Die Suche nach einer Sorte, die in den wasserarmen Tiefebenen des Landes gedieh, glich einer agrarischen Detektivgeschichte.

Ein Durchbruch gelang Norman Borlaug, der mit japanischen Zwerggräsern arbeitete, die einen entscheidenden Vorzug hatten: Durch ihren niedrigen Wuchs hielten sie Winden besser stand und konnten ihren Samen mehr Energie zuführen, ohne umzuknicken. Auch dadurch, dass er sie gegen übliche Schädlinge wie Rostpilz immun machte, leistete er Spektakuläres. Zehn Jahre nach dem Beginn seiner Arbeit in Mexiko 1953 hatten sich die Erträge dort versechsfacht, 1961 bat ihn das von Hungersnöten gebeutelte Indien um Hilfe.

Das Getreide ließ sich indes nicht reibungslos aus dem Labor zu den Bauern bringen. 35 Lastwagen, die 1965 mit 18 Tonnen beladen nach Mexiko aufbrachen, wurden durch Polizei und Grenzschutz behindert, die Watts-Unruhen in Los Angeles und der Ausbruch des Kriegs zwischen Pakistan und Indien kamen erschwerend hinzu. Just deshalb konnte die indische Regierung aber kurioserweise in den Handel eingreifen und das Kornmonopol der Kaufleute aufheben; binnen eines Jahrzehnts war Indien (und bald auch Pakistan und die Türkei) unabhängig vom Weizenimport. Borlaug erhielt 1974 den Friedensnobelpreis und gilt als Impulsgeber der Grünen Revolution. Unter den weltgrößten Weizenanbauländern belegt Indien heute den ersten Rang, Pakistan den achten.

Natürliche Mutationen hatten das Getreide widerstandsfähiger gemacht und Millionen ein Lebensmittel für den Alltag geschenkt. Später geriet es im Zuge vermehrter Monokulturen und erster Genmanipulationen in Verruf. Von Japan über Mexiko zurück nach Indien und ins türkische Herkunftsland – Wissenschaft kennt keine Grenzen.

ORIGINALREZEPT

DIE ERSTEN KÄSEMAKKARONI

Nudeln sind als Weizenprodukt fast so alt wie Brot. Die Makkaroni in Mac and cheese *etwa, einem modernen Gericht, leiten sich sprachhistorisch von der Gerstensuppe* makaria *ab, einem Leichenschmaus im antiken Griechenland, den die Italiener wiederum in Neapal erfunden haben möchten, wo hellenische Invasoren auf den Geschmack gekommen sein sollen. Römische Schriften erwähnen sie ebenfalls, und das mittelalterliche* Liber de Coquina*, einer der frühsten kulinarischen Texte, enthält eine Variation. In* The Forme of Cury *von 1390 aus der Feder der Köche Richards II. heißen sie* macrows*:*

Man schneide Stücke aus einem dünnen Teig, gebe sie in heißes Wasser und koche sie ausgiebig. Dann reibe man Käse und Butter, verteile sie auf den Rauten und reiche dar.

Hugh Plat erläuterte 1607, wie er Francis Drake und John Hawkins Makkaroni für ihre Seereisen mitgab. Thomas Jefferson, der sie mit seinem Koch James Hemings in Paris aß, ließ sich das Rezept geben, um es auf seinem Landsitz Monticello zu probieren, und servierte 1802 bei einem Staatsbankett einen *macaroni pie*. Das waren natürlich frische Nudeln, die jeden Morgen schlicht aus Mehl und Wasser hergestellt wurden.

Mary Randolph bot 1838 eine uramerikanische, aber interessante Abwandlung mit Polenta statt Pasta:

Einen großzügigen Löffel Butter in 1 l Wasser auflösen, Maismehl in einer Schüssel mit kaltem Wasser und etwas Salz anrühren, bis alles recht sämig ist. Dann in das heiße Butterwasser geben, aufkochen und dabei stetig rühren. Sobald es sich formen lässt, zu einer Kugel rollen, nach dem Abkühlen in dünne Spalten schneiden und einen hohen Topf damit auslegen. Mit Käsescheiben und noch ein paar Stücken Butter bedecken. Maisbrei, Käse und Butter weiter bis unter den Rand aufschichten, mit Butter abschließen.
Nun kurz in den Ofen stellen; 20 bis 30 min genügen.

Nudelherstellung im Tacuinum sanitatis *(15. Jh.), einer lateinischen Übersetzung von Ibn Butlans Taqwim as-sihha aus dem Arabischen.*

KAPITEL

9

ABENTEUERLICHE GEWÜRZWELTEN

Chili, Knoblauch und Vanille

Italienische Werbung (19. Jh) für in Essig eingelegte Chilis.

CHILI
HÖLLISCH SCHARF

Chili könnte Mexikos größtes Geschenk an die Welt sein. Archäologische Funde sprechen dafür, dass er in Mesoamerika spätestens gegen 8000 v. Chr. gegessen wurde. Wahrscheinlich pflanzten die Azteken ihn zum Schutz vor Schädlingen auf Getreidefeldern an.

In der Gastronomie ist Chili das wohl erfolgreichste Gewürz überhaupt. Er hat nach Kolumbus in verschiedenen Formen und Gerichten die Welt erobert, sodass er zu einer Hauptzutat vieler Küchentraditionen wurde.

In Texas taucht er im *bowl of red* auf, Ungarn hat *Paprika* und *Gulasch*, Thailand nahm *prik* oder *som tam* und Indien *Curry*. Dort etablierte er sich schnell neben indigenem Schwarzpfeffer, der auch im alten Rom und vor mindestens 4000 Jahren in Asien beliebt war.

Das Wort „Curry" leitet sich vom tamilischen *kari* („Soße") ab, und Händler entdeckten das Pulver als *kari podi*. In Italien würzt es *pasta puttanesca* und *penne all'arrabiata*, in Mexiko *mole*, in Malaysia *sambal belacan*. Keine andere Zutat beansprucht so viele berühmte Variationen für sich oder ist ähnlich einflussreich gewesen.

Die Schärfe verleiht Charakter und hebt Geschmäcker hervor, die so vielfältig sind wie Regiolekte. Verursacht wird sie von Capsaicin, das die Endorphinausschüttung im Gehirn anregt, woraufhin wir schwitzen und Herzklopfen bekommen. Dadurch wandelt der Körper Energie in Wärme um. Capsaicinoide dienen Pflanzen zur Verteidigung. Da Vögel im Gegensatz zu Säugetieren kein Schärfeempfinden haben, breiteten sich die Samen vermutlich durch die Luft in Südamerika bis nach Mexiko aus, wo man sie erstmals als Saatgut verwendete, ehe die Spanier dann mit der Zucht begannen.

Die Frage nach der schärfsten Schote von allen ruft manchen Geschmacksmacho auf den Plan. Gemessen wird dabei oft anhand der sogenannten Scoville-Skala, wozu man angibt, wie mit viel Wasser das enthaltene Capsaicin zum Aufheben der Schärfe zu verdünnen ist. Die Sorte Habanero und ihre Varianten stehen an der Spitze, obwohl Züchter mittlerweile neue entwickelt haben, die nicht essbar und sogar waffenfähig sind. Die britische Schreibung *chilli* geht darauf zurück, dass Kolumbus das Gemüse in der Karibik vorfand, wo es so hieß.

Er sah die Schote als Pfeffer an, weil ihn die Schärfe an jene der begehrten, hochpreisigen Pfefferkörner erinnerte. Spanier sagen *chile*, was nichts mit dem Land zu tun hat (dessen Name ist auch ein wortgeschichtliches Rätsel), in dem die Bezeichnung wiederum *ají* lautete. Sie ist auch heute noch in Südamerika gebräuchlich. Als wäre dies nicht schon verwirrend genug, kann *chile* auch eine Beere und grüne oder rote Chilisoße sein, wohingegen *Chili* auch als Kurzform für das Fleischgericht *chili con carne* steht.

CHILI-KÖNIGINNEN

Die Portugiesen brachten Chili nach Asien, die Spanier auf die Philippinen. Für Europäer war er zunächst bloßer Schnörkel, eine hübsche Gartentrophäe aus der Neuen Welt. Spanische Geistliche blieben misstrauisch wie bei anderen Speisen und allem, was die Bibel nicht erwähnte. Ob kulinarischer Schock aufgrund der Schärfe oder religiöser Eifer: In Aufzeichnungen liest man von einer Teufelssuppe, heiß wie Höllenschwefel. Arme Leute kamen zuerst auf den Geschmack. Chili wurde das Gewürz des gemeinen Volkes statt der Eliten und lenkte von alten oder faden Zutaten ab, beispielsweise in Schleimbrei.

1731 sandte Philipp V. von Spanien 16 Familien – insgesamt 56 Personen – von den Kanaren los, um dem Einfluss der Franzosen entgegenzuwirken, die von Louisiana nach Westen vorstießen. Die Gruppe landete in Villa San Fernando de Béxar (heute San Antonio), übernahm die Ortsverwaltung und ihre Frauen kochten scharfen spanischen Eintopf. Um die Siedlung ranken sich Mythen wie jener der „Chili Queens" auf dem Markt, wo zuerst Soldaten, später alle Durchreisenden nach Einbruch der Dunkelheit eine Schale Chili mit Tortilla kaufen konnten. Dem schoben Gesundheitsbeamte 1937 einen Riegel vor, weshalb man auf Restaurants und Cafés auswich. Angeblich wussten die Damen Antworten auf alles, von Liebes- bis zu Rechtsfragen, und noch heute wird ihrer mit einem jährlichen Straßenzug gedacht.

Man wird solche Gerichte damals in niedrig hängenden Tontöpfen zubereitet haben, flach zum Verteilen dicker Stücke vom Rind und Schwein mit ihrem Fett, bevor Zwiebeln und Knoblauch hinzukamen, zuletzt Wasser und verschiedene Sorten Chili wie Ancho oder Serrano. Diese waren zuvor zerrieben worden und köchelten mehrere Stunden mit. Viehtreiber machten das Rezept in Siedlertrecks bekannt, und die Lagerköche griffen es auf, indem sie Fleisch verarbeiteten, das gerade zur Hand war, auch von Büffeln oder sogar Klapperschlangen.

Postkarte von Verkaufsständen in San Antonio, Texas (ca. 1907), offensichtlich für die Allgemeinheit bestimmt, denn bei den Chilli Queens ging es etwas rustikaler zu.

DIE TEXANISCHEN VERMARKTER

In den 1860er-Jahren gab es Chili in texanischen Gefängnisküchen und es kam in Mode zu vergleichen, welches Gefängnis das beste Gericht auftischte, ehemalige Sträflinge baten in Briefen um Rezepte. Cowboys aßen unterwegs Trockenfleischziegel mit Chili. Die Köche der Wagenzüge setzten sogar Chilisträucher zu Mesquitebäumen, um ihre Wegzehrung aufzupeppen.

Texanische Schausteller trugen zur Verbreitung des Chili bei, bevor es so etwas wie Lebensmittelwerbung gab. Ein Pionier war der deutsche Einwanderer William Gebhardt, dem der Biergarten Phoenix Saloon in New Braunfels bei San Antonio gehörte. Es handelte sich um das erste Lokal in Texas mit Ausschank für Frauen, die allerdings draußen sitzen und eine Glocke läuten mussten, um bedient zu werden. Die Menagerie dieses eigenwilligen Plätzchens bot eine Tiershow mit Alligator, kämpfenden Dachsen und Hauspapagei, der auf Deutsch „Haben Sie gezahlt?“ fragen konnte. Chili weckte Williams Interesse. Sowie sich seine Kochkünste herumsprachen, importierte er ihn aus Mexiko, um die Nachfrage zu befriedigen, und stieg ins Chili-Geschäft ein. Nachdem er

LAND DER TAUSEND SOSSEN

Geräte zum Zerkleinern und Mischen auf dem Benito-Juarez-Markt in Oaxaca, Mexiko.

Die Vielfalt der möglichen Zutaten einer *mole* spiegelt den Zeitgeist der Moderne wider, ein Gemenge aus Alt und Neu. Möchte man die mesoamerikanische Urform ermitteln, muss man Abstriche machen: Mandeln, Koriander und Nelken raus, kein Sesam und Zimt oder Knoblauch, denn das waren alles Ergänzungen der Spanier oder Portugiesen in Mexiko. Ebenso tabu ist Zucker. Allerdings wird das Rezept gegenüber der Zubereitungsmethode nebensächlich, während *mole* übers Land verteilt unterschiedliche Gestalt annimmt. Die bekannteste, die rötliche *poblano* aus Puebla wird dieser Tage mit Schokolade und Tortillas kombiniert, doch die Farbe wechselt von Ort zu Ort. Oaxaca etwa gilt als Stadt der sieben Soßen, und es gibt vergleichbare Kreationen wie *texmole* oder *pipián mole* mit Kürbiskernen.

An sich ist *mole* die spanische Interpretation des Nahuatl-Wortes für eine Soße als Gemisch. Blumige Legenden bildeten sich, allen voran jene der Nonnen des Klosters von Santa Rosa in Puebla, die, vom Besuch ihres Bischofs überrascht, alles in ihrer Küche in einen Topf warfen und nach aztekischer Art mit einem Truthahn kochten.

Möglicherweise dauerte die sorgfältige traditionelle Zubereitung einen ganzen Tag, als es noch keine Mixer gab und alles in Mörsern oder mit flachen Messerklingen zerdrückt und die Chilis separat gegart werden mussten. Üblich waren die Sorten Mulato, Ancho, Pasilla und manchmal auch Chipotle. Man öffnete sie, trennte die Samen heraus und briet die Schoten flach auf einen heißen Rost gelegt für 20 Sekunden an. Danach wurden die Samen geröstet. Seinerzeit nahm man sicherlich getrocknete Schoten aus der Speisekammer statt frischer.

Schließlich war etwas Säuerliches vonnöten, grüne Tomaten oder getrocknete Trauben, Blaubeeren, Papaya und Kochbananen (wie in *coloradito*). Anfänglich mochte Kakao dazugegeben worden sein, wenngleich ihn alle uns erhaltenen Schriften nur als Getränk beschreiben. Bohnen spielten hingegen bestimmt eine Rolle, genauso trockenes Brot oder Maisfladen.

Die Sitte, Gewürze zu kombinieren und Fleisch damit einzureiben und dann ziehen zu lassen, darf man tatsächlich als Verdienst der antiken Kultur Mittelamerikas betrachten. In Dokumenten aus der europäischen Küche jener Epoche liest man nichts von dem ganzen Zerquetschen, Ankokeln, Soßenbinden, Rösten oder Vermanschen generell.

ein Trockenverfahren entwickelt hatte, verkaufte er eine Würzmischung mit Knoblauch, Kümmel und Oregano. Die Marke existiert immer noch.

Das gilt auch für eine andere aus derselben Gegend, *Wolf Brand Chilli*, benannt nach einem Wolf namens Kaiser, den sich der Erfinder Lyman T. Davis hielt. Dieser schlug seine Ranch los, als er entdeckte, dass sie auf einer Ölquelle stand, und die neuen Besitzer verkauften ihre Erzeugnisse aus umgebauten Ford-Model-T-Lastern, die den Konservendosen nachempfunden waren und hinten jeweils einen Käfig mit einem lebendigen Wolf angehängt hatten. Die Tiere hat man allerdings später in Pension geschickt. 1977 setzte eine Initiative von Fabrikanten *bowl of red* bei der Regierung als offizielles texanisches Nationalgericht durch.

DIE WELT IST EINE SCHOTE

Außerhalb der USA ging die Küche verschiedene Wege. Die Ungarn lernten Chili im Handel mit den Ottomanen oder Persern kennen. *Gulyás*, Viehhirten, denen wir Gulasch verdanken, kochten Rindfleisch mit Zwiebeln und entweder gehackten oder gemahlenen Früchten *(paprika)* in großen Töpfen *(bogracs)*, meistens wie beim Grillen im Freien. Anderes Fleisch schien nicht verwendet worden zu sein, als Beilage gab es Kartoffeln. Als Nomaden verbreiteten sie das Rezept wohl in Europa. Das Wort *paprika* ist relativ modern, wurde erstmals 1896 erwähnt und könnte vom Lateinischen *piper* herrühren.

Weiter nach Süden gelangten Chilis in ganz anderer Form durch die serbische Kultur – als streichbares Gewürz namens *ajvar* oder „serbischer Kaviar". Am Zubereiten beteiligten sich Gruppen oder ganze Dörfer, die im Herbst die Schoten und Auberginen ernteten. Beides wurde zum Schälen über Holzfeuern angeschmort und dann zu Brei zerkocht, der sich für den Winter einmachen ließ.

Die Entwicklung in Osteuropa unterscheidet sich recht deutlich von jener des spanischen *pimenton*, dessen Anbau sich nun auf die Region um Extremadura an der Grenze zu Portugal konzentriert. Dort soll Kolumbus das Königspaar Ferdinand und Isabella sogar mit Chili bekocht haben. Das Gemüse färbte quasi sowohl die Küche als auch die Flagge des Landes: als Pulver auf *patatas bravas*, Füllung von Oliven oder Röte der *chorizo*. Ein Seefahrervolk weiter nördlich nahm es gleichfalls begeistert auf, die Basken. Bei ihnen wurde es, in langen Ketten zum Trocknen in den Straßen aufgehängt, ein patriotisches Symbol. Sie würzten ursprünglich Fleischwürste damit, dann auch Soßen, und streuten es in

Flockenform auf ihr Nationalgericht *piperade.* Das sind kurzgebratene Paprika mit Zwiebeln und Tomaten, die man in mehreren Variationen im Mittelmeerraum antrifft. Mancherorts stehen die Flocken als Alternative zu Salz und Pfeffer auf dem Tisch. Der Anbau des Gemüses fiel überall leicht, und man findet kaum andere Nahrungsmittel, die sich länderübergreifend so flexibel einsetzen lassen.

Die Portugiesen nahmen es mit in die Kolonie Goa, wo es *vindaloo* abrundete, eines der schärfsten Currygerichte überhaupt. In dieser Abwandlung eines alten portugiesischen Rezepts für Fleisch in einer Marinade aus Wein, den die Franziskaner auf Goa nicht hatten, kamen Palmessig, Tamarinde, Schwarzpfeffer, Kardamom und Zimt zum Einsatz. Dank Chili und später der Briten, die scharfe Kost sofort liebten, entwickelte sich *vina d'alhos* zu *vindaloo.* Es beruht auf Schweinefleisch, neuerdings auch Huhn oder Rind, und das Ergebnis ist oft weit vom Original entfernt. Eine Gewürzpaste der Peranakan in Indonesien besteht aus Schalotten, roten Paprika, Kurkuma und Nüssen, die mit Wasser verdünnt zu einem Dressing für Gemüsesalat wird. Das ist meilenweit entfernt von den Chili Queens und den Mönchen – definitiv nicht dieselbe Kochschule.

Eine andere Richtung schlug die thailändische Küche ein, indem sie die Eigenschaften von Chili hervorhob, statt nur wie in einem Curry damit zu verfeinern. Die Grundzutaten des landestypischen Dips namens *prik* werden gesondert dargereicht, neben den Schoten normalerweise Knoblauch, Schalotten, Limettensaft und Garnelen oder Fischfond; sie können analog dazu auch die Basis für ein Gericht mit Kokosmilch und anderen beliebten Gewürzen wie Ingwer oder Zitronengras bilden. *Som tam* („sauer zerstoßen") aus Kambodscha, grünen Papaya-Salat mit Chili, kennt man ebenfalls in ganz Südostasien. Er hat neben dem Gemüse vier wesentliche Bestandteile: Man gießt Fischfond mit Palmzucker und Limetten über eine unreife Papaya, die trotz ihrer Farbe schon schmeckt. Ihr Aroma ändert sich, wenn sie gelb wird, so wie wir sie im Westen angeboten bekommen.

Aus der Küche im chinesischen Sichuans ist Chili auf keinen Fall wegzudenken. Dort muss man praktisch alles mit einer Version des Öls *hong you* anrichten. Dazu werden eine Tasse oder etwa 32 getrocknete Schoten mit Sternanis, Knoblauch, Kardamom, Nelken, Lorbeer, Ingwer, Anispfeffer, Soja und zwei Tassen Maisöl gemischt. Die Provinz hat auch ihre eigene Chilisoße *doubanjiang*, die vergorene Ackerbohnen, Soja, Salz und Reis enthält. Rezepte aus der Nachbarschaft sind ähnlich, nur mit Sojabohnen.

ORIGINALREZEPT

CHILISOSSE

Obwohl man Chili rund um die Welt enthusiastisch aufnahm, handelte es sich in der Regel stets um ein frisches Saisongemüse. Ehe die bunte Fülle heutiger Soßen aufkommen konnte, bedurfte es dort technischer Fortschritte, wo man es nicht unbedingt erwartet hätte. Da die harten getrockneten Früchte schwierig zu kochen waren, hielten sie erst mit der Erfindung von Mühlen Einzug in die Küche, zunächst in Ungarn für *paprika*, bald mithilfe deutscher Auswanderer in Texas als Pulver.

Zuvor hatte die Zubereitung scharfer Soße darin bestanden, gekochten Essig über Knoblauch, Schalotten und ganze Paprika oder, wie in Asien, über Mango, Zucker, Rosinen, Chilis und Ingwer zu gießen.

Dieses Rezept aus *Mrs. Cronkite's Cook Book* von 1885 schlägt je 6 Zwiebeln und Schoten – alle zerhackt – auf 2 kg reife Tomaten vor:

½ l Essig, 3 TL braunen Zucker, je 2 TL Salz, zerstoßene Nelken, Zimt, Ingwer, Piment und Muskat hinzufügen. Alles eine Stunde kochen, dann durch ein Sieb streichen ... für manche jeder Worcestersoße ebenbürtig.

Viktorianische Chilisoßen waren eigentlich nur Essig mit getrockneten Gewürzen und Früchten. Eliza Acton beschreibt ein stark indisch geprägtes *chetney* (sic!) mit Holzäpfeln und anderem Streuobst, das sie gewürfelt mit ca. 120 g Zucker sowie je 60 g gemahlenem Ingwer und Cayennepfeffer anrührte:

Alles gleichmäßig unterheben und Essig beimengen, bis die Flüssigkeit die Konsistenz von Schmand hat. Mit 10 Knoblauchzehen in Flaschen abfüllen und fest verschließen.

Paprika (Capsicum annuum), *handkolorierte Gravur aus Dr. Willibald Artus'* Hand-Atlas sämmtlicher medicinisch-pharmaceutischer Gewächse *von 1876.*

Marchand
d'ailles.

KNOBLAUCH
DER HEXENVERTREIBER

Während Chili einem markanten Instrument glich, das je nach Varietät andere Noten spielte, übte Knoblauch einen subtileren, geheimnisvolleren und oft beängstigenden Einfluss aus.

Schon die alten Ägypter und Chinesen kannten ihn, die Griechen aßen vor Gefechten und zur Potenzsteigerung davon. Er stammt aus Zentralasien und dem Gebiet des heutigen Iran. Der Knoblauch-Halbmond folgt der Seidenstraße vom chinesischen Teil des Tian Shan bis zum Schwarzen Meer. Da die Knolle keinen besonderen Boden zum Wachsen brauchte, wurde sie nie so hoch gehandelt wie andere Gewürzpflanzen. Darüber hinaus schätzte man sie für medizinische Zwecke; im Zweiten Weltkrieg diente sie der Wunddesinfektion, und ein Geisterglaube besagte, sie im Haus aufzuhängen, schütze vor Hexen oder dem Bösen Blick.

Wie jede streng riechende Pflanze weckte Knoblauch Assoziationen zum Apothekenwesen. Er wurde zu unterschiedlichen Zeiten gegen Pocken, Aussatz, die Pest und natürlich Blutsauger verabreicht. Sir John Harrington übersetzte 1602 dieses Gedicht aus der im neunten Jahrhundert gegründeten Ärzteschule Salerno in Süditalien ins Englische:

> Der Knoblauch hat die Macht, vom Tode zu erretten,
> Ertraget ihn, ob er auch gleich den Atem übel macht,
> Und schmäht ihn nicht wie manche, die da meinen,
> Er mach' die Menschen doch nur tränen, trinken, stinken.

Im Zusammenhang mit der Pest steht die Knolle auch in der Erzählung vom Vierräuberessig, die auf 1720 datiert, als die Epidemie Marseille heimsuchte. Darin machte Knoblauch vier Diebe immun gegen das Bakterium, sodass sie Tote bestehlen konnten. Mary Randolph empfahl in *The Virginia Housewife* (1824), Lavendel, Rosmarin, Salbei, Beifuß, Raute und Minze in konzentriertem Essig zu tränken. Das Ganze sollte man passieren, zwei Wochen in der Sonne stehen lassen und mit einer Knoblauchzehe in Flaschen füllen – allerdings nicht gegen

LINKS: *„Wollen Sie Knollen?". Porträt eines bretonischen Hausierers von Nico Jungman, 1907.*

die Pest, sondern als „Lufterfrischer in Zimmern voller Leute oder von Kranken; besonders nützlich ist es, wenn man es bei feuchtem Wetter im Haus versprengt“.

Viele mittelalterliche Rezepte beschreiben Gans mit geröstetem Knoblauch, doch in England und Amerika setzte er sich nur langsam durch, im Schneckentempo fast. Isabella Beeton etwa fand ihn „anstößig“. Er wurde als ländlich und bäurisch abgestempelt, fand seinen Weg also nicht in die Städte und großen Bankettküchen.

> *Der viktorianische Schriftsteller John Ruskin nannte ihn Klassentrenner – etwas für Arbeiter, nicht für die feine Gesellschaft.*

Der viktorianische Sozialkritiker John Ruskin nannte ihn Klassentrenner – etwas für Arbeiter, nicht für die feine Gesellschaft. Aufgrund der pharmazeutischen Wirkung der Knolle bewarb man Worcestersoße als Stärkungs- statt Würzmittel.

DIE SPUREN DER ENTDECKER

In den USA und Kanada begegnete man Knoblauch lange mit rassistischer Überheblichkeit. Anfang des 20. Jahrhunderts rochen Einwanderer aus Südeuropa danach, während die ansässigen, redlichen Puritaner ihn niemals anrührten; sein Verzehr gehörte sich für Angloamerikaner nicht. Schon in Rom schien man genauso gedacht zu haben – wer etwas auf sich hielt, mied ihn. Gegen den Mundgeruch wirken übrigens Äpfel, deren Polyphenole die schwefligen Inhaltsstoffe abbauen.

In gleicher Weise zeugte das, was der Volksmund der Knolle im Lauf der Jahre andichtete – er würde Feen, Pech, bösen Spuk oder Untote abwenden –, von Gespensterglauben und Unwissenheit, die nicht „anglo“ waren. Unter den Slawen auf dem Balkan hieß es indes umgekehrt, wer keinen Knoblauch aß, sei wahrscheinlich ein Vampir oder Werwolf. Ost- wie Südeuropäer konsumierten ihn, und er wurde in Glaubenskämpfe verstrickt: Weil Katholiken ihn verwendeten, lehnten Protestanten seine angeblich zügellos lüstern machende Kraft ab. Andere Religionen hegten ebenfalls Vorbehalte; Buddhisten, Jaina und Hindus mieden ihn neben Zwiebeln mehr oder minder strikt (Japaner auch), weil er entzündungsfördernd sei. Konträr dazu behielt er in katholischen Ländern einen festen Platz.

In den Gärten französischer Herrscher gedieh Knoblauch ab etwa 800 n. Chr., ferner Schnitt- und Stangenlauch sowie Schalotten, wie das von Karl dem Großen in Auftrag gegebene *Capitulare de Villis* belegt. Alte spanische Rezepte sprechen von *sofrito* („gebraten“, auf Italienisch *soffritto*) mit Knoblauch, Zwiebeln, Paprika und Tomaten, portugiesische von *refogado*, was „geschmort“ bedeutet.

Die Kombinationsvielfalt ist ein Vermächtnis der Entdecker, doch an den Zutaten und Verarbeitungsmethoden hat sich nichts geändert. Darüber, ob die heilige Dreifaltigkeit der kreolischen Küche Louisianas – Zwiebeln, Sellerie und Paprika – unbedingt Knoblauch als Ergänzung braucht, wird weiter diskutiert. Zusammen mit Zwiebeln bildet er die Grundlage sowohl für mexikanische *frijoles*, bevor weiße Bohnen, Chili und Koriander hinzustoßen, als auch für *ginisa* von den Philippinen, wozu auch Tomaten gehören.

In Asien kommt Knoblauch nach einem ähnlichen Prinzip zum Einsatz, bloß unterscheiden sich die weiteren Zutaten. Zusammen mit Chili, Ingwer oder Zyperngras mörsert man ihn in Thailand für eine Paste aus Kokosmilch in Currygerichten oder als Soßenbasis für Reis. Chinesen verbinden die Knolle mit Bohnenpaste, Soja, Essig, Zucker, Sesamöl, Ingwer und Frühlingszwiebeln, haben sie aber auch seit Jahrhunderten im Arzneimittelschrank liegen. Indisches Curry beginnt unterdessen mit ihr, Ingwer und Zwiebeln allein.

Trotz der Vorherrschaft von Knoblauch in Asien und Südamerika sträubten sich die Köche im Westen dagegen. Er wird im Rezept- und Zutatenverzeichnis von Jane Grigsons *Vegetable Cookery* (1977), das 35 Seiten lang ist und insgesamt knapp 6300 Einträge umfasst, nur fünfmal erwähnt. Viel mehr Beachtung fand er bis vor Kurzem nicht in renommierter kulinarischer Literatur.

In Großbritannien und Nordamerika entwickelte er sich nach dem Zweiten Weltkrieg allmählich zu einem Zeichen dafür, dass sich der Koch- und Ernährungsstandard verbesserte. Er wurde zum Inbegriff einer neuen Küche und stammte größtenteils aus China. Da die Volksrepublik nun 80 Prozent des globalen Marktanteils produziert, sorgt man sich darum, inwieweit er mit Pestiziden und Düngern belastet ist. Knollen ohne Wurzeln deuten auf dieses Herkunftsland hin. Ihre Heilkraft bei Beschwerden, die vom Verdauungstrakt bis zur Gebärmutter reichen, stand zwar für angelsächsische Apotheker fest, doch die Forschung konnte leider noch nichts dergleichen bestätigen. Dr. Internet kennt jedoch zahllose Alternativhilfen.

HUHN MIT 40 ZEHEN

Dieses von James Beard und Richard Olney – Vertretern einer neuen Kochära im Amerika der 1970er-Jahre, die zudem mit Vorurteilen gegenüber Knoblauch aufräumten – eingeführte Gericht versprüht das Flair eines Bauernhofs in der Provence. Zum Zubereiten genügte ein Topf, den man einer Tischrunde von Freunden serviert, und wenn der Deckel angehoben wird, bricht ein wahrer Geruchsvulkan aus. 40 Zehen hört sich nach viel an, aber sie lösen sich im Öl, Wein und Geflügelsud auf. Daraus ergibt sich ein herrlich weicher Aufstrich für frisches Brot, das in gewürfelter Form Knoblauchcroutons vorwegnahm. Die Knollen sollten frisch sein, und dazu passt knackiger grüner Salat, vor allem Frisée als bitterer Kontrast.

Das Rezept stand 1953 in Jean-Noël Escudiers Buch *La Véritable Cuisine Provençale et Niçoise*, einer Sammlung lokaler Speisen. Er firmierte auch unter dem Verlagsnamen Escoffier, hieß aber in Wirklichkeit Rougié Rebstock.

Flügel und Schenkel von der Brust eines großen Huhns trennen (man kann es auch am Stück in den Topf legen, doch dort lässt es sich schlecht zerlegen, selbst wenn sich das Fleisch von den Knochen löst). Nicht zu wenig Öl in eine ausreichend große Kasserolle mit Deckel geben und die Teile des Huhns anbraten. Währenddessen die Knoblauchzehen schälen und hineingeben. Mit einer Tasse Olivenöl und einem Glas Weiß- oder Rotwein ablöschen. 1 TL gemischte Trockenkräuter hinzufügen. Mehl und Wasser zu einem Teig kneten, Deckel fest damit verschließen. Bei mittlerer Hitze 50 min im Ofen garen. Sofort mit geröstetem Brot auftragen.

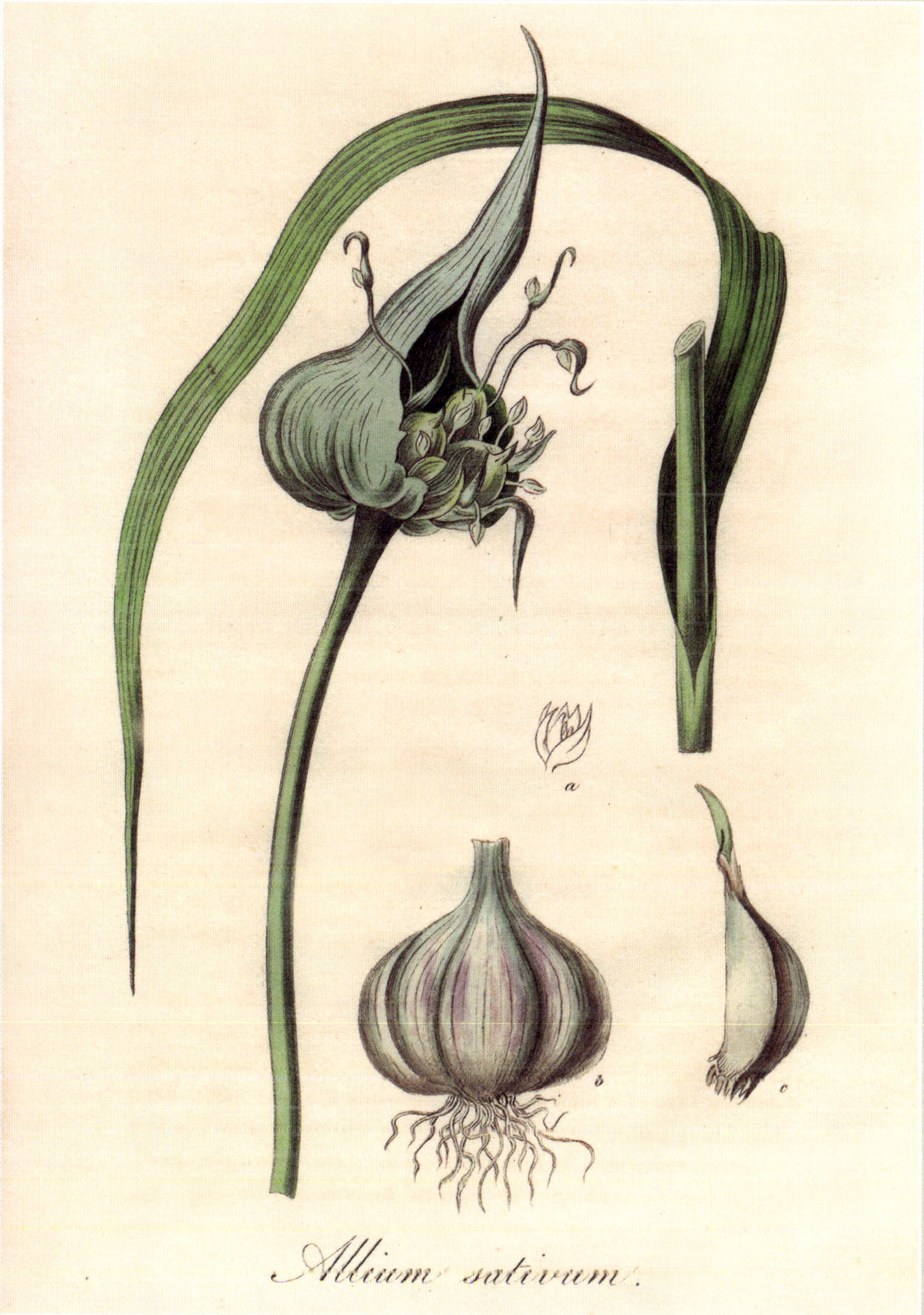

Knoblauch (Allium sativum). *Handkolorierte Stahlgravur von G. Reid aus: John Stephenson, James Morss Churchill.* Medical Botany: or Illustrations and Descriptions of the Medicinal Plants of the London, Edinburgh, and Dublin Pharmacopœias. *John Churchill, London, 1831.*

Illustration auf einer 1957er-Briefmarke von der Insel Madagaskar im Indischen Ozean, wo über 80 Prozent der weltweiten Vanille-Bestände wachsen.

VANILLE
GEHEIMNISVOLLE WEISSE BLÜTE

Vanille ist eine dickblättrige Orchidee aus Mexiko, die ihren Entdecker Cortés bezauberte. Er brachte sie zusammen mit der Schokolade nach Europa, doch kein Insekt außer der mexikanischen Biene *melipona* bestäubte die Blüten, was erst 1837 von dem belgischen Botaniker Charles François Antoine Morren wissenschaftlich belegt wurde. Die Vermehrung ist insofern heikel, als die Pflanze ihre weiblichen Narben nur für 24 Stunden öffnet. Ihre Bescheidenheit macht sie zu einem teuren Handelsgut, das unter den Gewürzen nur von Safran übertroffen wird. Im Sog dieses älteren Bruders hielt sie übrigens auch recht schnell Einzug in der europäischen Küche. Die gesamte alte Welt schätzte Safran; Kleopatra färbte ihre Milchbäder damit, und Ovid schrieb in seinen *Metamorphosen*:

> Kelmis, und euch, Kureten, erzeugt vom reichlichen Regen,
> Krokos und Smilax auch, in niedliche Blumen verwandelt,
> Lass ich weg, und den Sinn soll fesseln ergötzliche Neuheit.

DER ANBAU

Angeblich fand der zwölfjährige Sklave Edmund Albius heraus, dass sich die Blüte von Hand befruchten ließ, indem er die männlichen Organe mit einem Bambusstäbchen zu den weiblichen führte. Je öfter man das hört, desto unwahrscheinlicher klingt es. Morren hatte schon durch das Beobachten von Bienen in Mexiko beim Bestäuben eine Lösung gefunden. Einen romantischeren Mythos gab es bei den Totonaken: Als ein Vater seiner Tochter verbot, einen Sterblichen zu heiraten, nahm das Paar Reißaus, wurde jedoch im Wald gestellt und enthauptet. Wo ihr Blut am Boden zusammenfloss, wuchs dann eine Pflanze. Als die Azteken die Totonaken unterwarfen, zollten diese ihren neuen Herrschern mit Vanille Tribut.

Bis Mitte der 1800er-Jahre blieb Mexiko der weltweit einzige Anbauort für Vanille. Die Europäer gaben jedoch nicht auf, und Charles Greville

Auch süße Spirituosen enthielten Vanille, wie dieses elegante Etikett eines französischen Weinbrands (19. Jh.) zeigt.

hatte bereits Ende des 18. Jahrhunderts in London die erste Pflanze auf dem Kontinent gezogen. Ableger wurden nach Holland und Paris gesandt. Die ehrgeizigen Franzosen züchteten die Orchidee auf ihren Inseln Réunion und Mauritius, wo ihr das Klima – feucht und heiß bei ganzjährig moderatem Niederschlag – und die Nähe zum Äquator (zwischen 10 und 20 Grad) entgegenkam. Sobald sich die Bestäubung von Hand bewährt hatte, ging man schnell auf die größeren Inseln der Seychellen und Madagaskar über. 1898 wurden so 80 Prozent des globalen Bedarfs gedeckt. Da Réunion ursprünglich Bourbon hieß, umfasst der Begriff Bourbon-Vanille alle Sorten von Madagaskar und aus dem Indischen Ozean.

Zu Anfang profitierten die neuen Plantagen vom Boom des Zuckers in den Küchen Europas. Dazu passte Vanille hervorragend, doch auch mit Eiern und Sahne ging er in zahlreiche Speisen ein, die nach Luxus abseits der Norm schmeckten. Als Eiscreme in der Neuen Welt ankam, untermauerte dies die Daseinsberechtigung der Frucht. Torten, Parfaits, Softeis, Schneeballen – Vanille verzückte jeden süßen Zahn. Ungeachtet ihrer Bedeutung in der Backstube veredelte sie mexikanische Gerichte mit Huhn, Karotten oder Garnelen.

Die natürliche Form ist eine komplexe Verbindung aus zig Inhaltsstoffen. Einer davon, Vanillin, wurde 1858 von Nicolas Theodore Gobley isoliert, der feststellte, dass es sich mit Gewürznelken replizieren ließ. Ein Jahrhundert später bildete man Geschmack und Duft von Vanille mit Lingin nach, einem Abfallprodukt der Zellstoffherstellung. In den 1980er-Jahren versorgte eine einzige kanadische Papierfabrik den Weltmarkt mit 60 Prozent aller synthetischen Vanille-Varianten. Heute stammen nur zwei Prozent tatsächlich von Pflanzen. Was Elisabeth I., die Vanille weder beim Essen noch beim Parfümieren missen wollte, davon gehalten hätte, steht auf einem anderen Blatt.

GESCHÜTTELT, NICHT GERÜHRT

Die frühen Shakes schüttelte man nach Barkeeper-Art mit Eiswürfeln aus Eiklar, Milch und Geschmacksträgern auf, was sich mit der Erfindung des Elektromixers änderte. Dieser wurde innerhalb von zehn Jahren vollautomatisiert und festes Inventar sowohl von Kiosken als auch Diners. Die erste Filiale von Dairy Queen wurde im Juni 1940 eröffnet, aktuellen Zahlen zufolge unterhält die Marke 6400 Lokale in 25 Ländern. 1951 führte sie die Sorte Banana Split ein, 1965 den Blizzard, der so zähflüssig ist, dass nichts herausläuft, wenn man den Becher umgedreht hält. Was er enthält, ist streng genommen kein Speiseeis, weil es doppelt so fetthaltig sein müsste, um so bezeichnet werden zu dürfen.

Milchshakes bestanden ursprünglich aus mit Eiklar aufgeschlagenem Whisky, ehe zu Beginn des 20. Jahrhunderts Speiseeis hineingegeben wurde. 1897 hatte sich William Horlick einen malzhaltigen Milchdrink ausgedacht, der Kinder und Kranke kräftigen sollte. Das Getränk aus Kondensmilch, mit Malz versetzter Gerste und Weizenmehl avancierte zum Verkaufsschlager in Walgreens-Apotheken und Getränkespendern. Schaumig wurde es erst 1922, als der Angestellte Ivar „Pop“ Coulson versehentlich einen Löffel Vanilleeis in die Standardmischung mit Malz gab.

ORIGINALREZEPT

VANILLEEIS

Vanille gelangte mit der Schokolade nach Europa; darauf, dass es keinen Zusammenhang zwischen ihnen gab, wies erst der Apotheker Elisabeths I. hin, Hugh Morgan. Eiscreme selbst stammt aus Asien, doch die Franzosen kamen auf die Idee, sie mit Eiern geschmeidiger zu machen. Mary Eales spart Vanille in ihrem Buch *Food in England* (1718) gänzlich aus, und da sie als königliche Konditorin diente, darf man annehmen, dass der Staat damals noch keine nennenswerten Mengen importierte. Zumindest vermittelt sie uns einen Eindruck davon, wie aufwendig Speiseeisherstellung war:

Blechtöpfe mit Sahne füllen, je nach Belieben mit Obst, gesüßt oder pur. Deckel fest verschließen. Für 6 Töpfe braucht man 8 bis 9 kg Eis, zerstoßen in sehr kleine Teile …

Thomas Jefferson stieß in Frankreich auf Eiscreme und behielt sogar ein Rezept (mit sage und schreibe 18 Arbeitsschritten) im Archiv des Weißen Hauses. 1843 vereinfachte Nancy M. Johnson die Methode, indem sie eine Kurbel für den Behälter zum Anrühren entwickelte.

Mary Randolph verfasste 1824 ein Rezept für eine Cremespeise, bei der es sich im Grunde um Vanilleeis handelt. Es funktioniert auch mit Schokolade.

Vanillecreme

Vanilleschote in Vollmilch kochen, bis sie genug Geschmack abgegeben hat, vom Herd nehmen. Mit Milch, dem Klar und den Dottern von 8 Eiern mischen, wieder etwas köcheln lassen. Großzügig zuckern, da durchs Einfrieren ein Großteil der Süße verlorengeht.

Um 1850 herum verkaufte Carlo Gatti Eiscreme am Londoner Charing Cross. Das Eis zum Kühlen bekam er erst am Regents Canal und später aus Norwegen. Er soll die erste Person gewesen sein, die der Allgemeinheit die Süßspeise zugänglich machte, nachdem sie Reichen vorbehalten gewesen war, die sich ein Kühlhaus leisten konnten. 35 Jahre nach ihm schließlich kamen die kalten Kugeln dank der englischen Kochbuchautorin Agnes Marshall, die sich auch ihre Zubereitungsart patentieren ließ, endgültig bei der breiten Masse an.

Würzvanille (Epidendrum vanilla), *handkolorierte Gravur auf Büttenpapier, 1731–1743 (aus der Sammlung von Dr. und Mrs. George Benjamin Green).*

KAPITEL

10

ZITRONEN GEGEN SKORBUT

Wahrlich bittere Medizin

Gemälde von Bartolomeo Bimbi (17. Jh.) aus der Villa der Medici im toskanischen Poggio a Caiano. Da exotische Früchte sowohl Maler als auch ihre Förderer begeisterten, verwandelten sich Lebensmittel in Kunst.

EIN CHEMISCHES RÄTSEL

Lange Seereisen machten träge und schlugen aufs Gemüt. Aus Hautflecken wurden offene Wunden, Fieber und Gelbsucht brachen aus. Es endete mit dem Tod. Jahrhunderte später führte man den sogenannten Skorbut auf Mangel an Vitamin C zurück. Dabei wusste zwei Jahrtausende früher schon Hippokrates, dass Soldaten ohne frische Kost ein entsprechendes Krankheitsbild zeigten. Die Kreuzfahrer bekamen die Mangelerkrankung häufig, und man könnte wohl behaupten, Köche und Quartiermeister hätten während der großen Ozeanschlachten genauso über Sieg und Niederlage entschieden wie ihre Admirale. Auch Napoleon stellte fest, eine Armee marschiere mit dem Magen und Ernährung spielte im Gefecht eine wichtigere Rolle, als oft angenommen.

Ohne Kenntnisse über Vitamine fischten Kapitäne im Trüben, fanden und verloren den richtigen Ansatz immer wieder. Verwirrung stiftete Frischfleisch, dessen Nährstoffreichtum zur Vorbeugung genügte. Haltbar Gemachtes half nicht, schon gar nicht auf langen Fahrten im Frachtraum, wo selbst das letzte Vitamin C buchstäblich ins Wasser fiel, und auch die Oxidation von Kupferrohren oder Kochtöpfen zerstörte es.

1497 war Vasco da Gama insoweit über Zitrusfrüchte im Bilde, dass er Wurzelstöcke mitnahm, um Orangen und Zitronen auf den Inseln anzubauen, die er anfuhr. Die Kranken an Bord ließ er zum Genesen zurück, auf dass sie bei seiner Rückkehr oder mit einem anderen Schiff wieder abreisen konnten. Trotzdem starben 116 Mitglieder seiner 170-köpfigen Besatzung, größtenteils vermutlich an Skorbut.

Magellan verlor 1520 fast alle seine 230 Männer, und Jacques Cartiers Begleiter beim Erkunden des Sankt-Lorenz-Stroms plagte 1536 ebenfalls der Skorbut, bis ansässige Ureinwohner sie mit einem Tee aus Tannennadeln retteten. 1593 stattete der britische Admiral Sir Richard Hawkins seine Crew mit Orangen und Zitronen aus, die bald durch Limetten ersetzt wurden, weil man diese in der Karibik besser auftreiben und im Schiffsrum auflösen konnte. Daher der Spitzname *limey* für einen britischen Matrosen. Nichtsdestoweniger raffte Skorbut in den ersten 300 Jahren nach der Entdeckung Amerikas und der Westindischen Inseln geschätzte zwei Millionen Seefahrer dahin – mehr als jede bewaffnete Auseinandersetzung während dieser Zeit.

Zum Teil ahnte man die Wahrheit, ohne die Ursache vollständig zu begreifen. Als endlich die Dampfkraft nutzbar und größere Schiffe gebaut wurden, musste man weniger Zeit auf dem Meer verbringen. Die Reisegeschwindigkeit umging das Problem, löste es aber nicht.

Die vorherrschende Annahme lautete, jegliche Säure würde Abhilfe schaffen, nicht nur jene der Zitrusfrucht. 1754 im Siebenjährigen Krieg wurden 133.708 von 184.899 neu rekrutierten Männern krank und als vermisst abgeschrieben, was wir nun hauptsächlich auf Skorbut zurückführen können.

1754 im Siebenjährigen Krieg wurden 133.708 von 184.899 neu rekrutierten Männern krank und als vermisst abgeschrieben, was wir nun hauptsächlich auf Skorbut zurückführen können.

Erst 1932 gaben Glen King in Pittsburgh und der ungarische Biochemiker Albert Szent-Györgyi unabhängig voneinander innerhalb von 14 Tagen Aufschluss über Vitamin C. Weitere Versuche bewiesen, dass selbst geringe Mengen des Stoffs sämtlichen Symptomen entgegenwirkten. Daran erinnert heute unser Glas O-Saft zum Frühstück.

Sprachlich interessant: Man führte die Experimente an Meerschweinchen durch, die als eine von wenigen Spezies neben dem Menschen nicht selbstständig Vitamin C herstellen können. So prägten sie mit ihrem Namen – *guinea pig* – die englische Entsprechung deutscher „Versuchskaninchen". Arme Schweine im wahrsten Sinn des Wortes …

DER ZITRUS-UNTERNEHMER

Die ersten Weingüter und Zitrusplantagen in Kalifornien werden dem Franzosen Jean-Louis Vignes zugeschrieben. Der Sohn von Küfern aus der Nähe von Bordeaux hatte eine Brennerei gekauft und war in hohe Kreise aufgestiegen, geriet aber entweder in eine finanzielle Schieflage oder wegen zu revolutionärer Ansichten bei Karl X. in Verruf; jedenfalls ließ er sich mit 45 einen Reisepass ausstellen und ging mit 30 anderen Passagieren an Bord der Comte, die Honolulu ansteuerte. Dort kaufte er eine kleine Farm, baute Zuckerrohr an und leitete eine Rumdestillerie auf O'ahu. Der Alkoholverkauf aber war den Puritanern vor Ort ein Dorn im Auge, also ließen sie die Lokale schließen und die Felder abmähen. Vignes zog weiter. 1831 kaufte er in Monterey 40 Hektar Land am Los Angeles River. Die Reben der dortigen Mission, die Franziskaner mitgebracht hatten, erzielten zwar hohe Erträge, doch er fand die Qualität unzureichend, weshalb er in Frankreich Ableger von Cabernet Franc und Sauvignon Blanc bestellte. 1840 erreichte die erste Lieferung San Francisco, zehn Jahre später waren seine Weine die beliebtesten in ganz Kalifornien. Vignes wusste aus seiner Kindheit, dass sich Reifung auszahlte – bis dato hatte man Wein meistens kurz nach der Gärung abgefüllt –, und verkaufte ab den 1850er-Jahren 20 Jahre alte Lesen. So wurde er quasi Sommelier der Goldschürfer.

Beim Wein blieb es aber nicht. Schon 1834 kaufte er Mönchen in San Gabriel, einer von 21 katholischen Missionen im Staat, Orangenbäume ab und legte Kaliforniens erste Haine an, wo 1851 bis zu 6000 Früchte jährlich wuchsen. Ferner pflanzte er 400 Pfirsichbäume, züchtete Äpfel, Birnen, Aprikosen, Feigen und Walnüsse.

Ihm folgten Einheimische, denen das Potenzial des Klimas in ihrer Region klar wurde. Beim zweiten Goldrausch im frühen 20. Jahrhundert lockte man gezielt Großbauern, sich dort niederzulassen. Die Felder voller Orangen, Zitronen und Grapefruits festigten zudem den Ruf vom Golden State, wo immer die Sonne scheint und die Möglichkeiten unbegrenzt sind.

Zufällig entstand der Weihnachtsbrauch daraus, dass japanische Einwanderer zu Weihnachten in Papier eingeschlagene Orangen von Verwandten bekamen. Heute produziert Brasilien vor China und den USA die meisten Zitrusfrüchte.

SCHMACKHAFTE SCHÄTZE

Skorbut war die Geißel Reisender, der Killer schlechthin. Blieb man ohne Verzicht auf frisches Fleisch und Gemüse heimatnah, bestand kein Anlass zur Sorge. Wer wie Soldaten oder Seefahrer weiter herumkam, rationieren musste und Frischkost entbehrte, falls er irgendwo festsaß, starb. Das Leiden umgrenzte die Alte Welt wie ein tödlicher Schild. Die Erschließung des Planeten hing gewissermaßen davon ab, wie schnell aus Wurzelstöcken Pflanzen wurden, deren kostbare Früchte man ernten konnte. Wo andere Quellen von Vitamin C existierten – grünes Gemüse, Austern und Tiere zum Schlachten –, ließ sich der Mensch nieder; ihr Fehlen bedeutete den Tod.

Wahrscheinlich gehen alle Zitrusfrüchte auf die Provinz Yúnnán im Südwesten Chinas zurück. Sie sind heute das meistverbreitete Kulturobst der

ORIGINALREZEPT

EINGELEGTE ZITRONEN

In der Alten Welt gab es wenige Nahrungsmittel, die sich nach der Ernte länger aufbewahren ließen, ohne ihr Vitamin C zu verlieren. Einlegen war die gängigste Methode zum Konservieren.

Dieses Rezept für eingelegte Zitronen, das die Zeitschrift *A Lady* 1826 veröffentlichte, erinnert daran, wie zeitintensiv und mühselig der Vorgang war. Immerhin: Der Sud passte auch zu Fisch.

Sie [die Zitronen] sollten klein und dickschalig sein. Mit einem Lappen abreiben und Schale längs wie zum Vierteln einritzen, ohne ins Fleisch zu schneiden. Salz fest in die Spalten reiben, Zitronen 5 Tage aufrecht in einem Topf stehen lassen, bis sich das Salz aufgelöst hat. Dreimal täglich im eigenen Sud wenden, bis sie zart sind. Rapsessig, Zitronensud, Jamaikapfeffer und Ingwer zu genug Lake mischen, um die Früchte zu bedecken. Kochen, abschöpfen und kühlen lassen. Mit ca. 50 g Senfkörnern und 2 Knoblauchzehen zu 6 Zitronen geben. Wenn sie aufgebraucht sind, eignet sich die Lake für Fisch- oder anderen Fond.

SAUERKRAUT

Vergorener Kohl wie in Sauerkraut oder Kimchi behält sein Vitamin C nicht nur, sondern reichert sich damit an. Als Captain Cook 1769 nach Neuseeland segelte, nahm er Sauerkraut in Fässern mit, das die Besatzung seinem Bericht zufolge gesund hielt. In einem Brief an den Militärarzt Sir John Pringle schrieb er:

Mile-end, 5. März 1776

Sir,

da viele Gentlemen nicht schlecht über die ungewöhnlich gute Konstitution der von mir befehligten Crew der Resolution auf ihrer jüngsten Fahrt staunten, bin ich so frei, Euch die Maßnahmen mitzuteilen, die ich zu diesem Zweck ergriffen habe. Saures Kraut, wovon wir auch einen großen Vorrat hatten, ist nicht nur ein nahrhaftes Gemüse, sondern nach meinem Empfinden höchst anti-skorbutisch und verdirbt nicht schnell. Jeder Mann bekam auf See zweimal wöchentlich oder häufiger, falls nötig, ein Pfund davon.

Kopie (1887) eines Originals aus Hermann Adolph Köhlers Medizinal-Pflanzen. *Das Bild einer Zitrone* (Citrus limon) *gehört heute dem Natural History Museum in London.*

Limettensaft für Seefahrer vor einer Nordpolexpedition zum Schutz vor Skorbut. Illustration von J. Nash in The Graphic, *11. September 1875.*

Welt. Sämtliche Sorten stammen von nur vier Varietäten ab, deren älteste (und süßeste) die Mandarine ist. Ihr gibt man der Zitrone, Pampelmuse und langsam wachsenden, sehr sauren Ichang-Zitrone gegenüber, die mittlerweile meistens als Zierpflanze angebaut wird, weithin den Vorzug.

Bei der gewöhnlichen Orange handelt es sich in Wirklichkeit um eine Kreuzung aus Pampelmuse und Mandarine. Dass sich ihr Name aus dem Arabischen und, weiter zurückgehend, auch Sanskrit ableitet *(nāranga)*, zeichnet einen Verbreitungsweg über Land anstelle des Meeres nach. Die ersten Bäume in Europa trugen nur saure Früchte, die medizinisch verwendet wurden. Im 16. Jahrhundert brachten italienische und portugiesische Kaufleute Kerne der süßen Mandarine mit, die zwar teuer, aber gefragt waren. Fortan bargen die Gärten der Oberschicht und Klöster diese exotischen Kostbarkeiten – Samenbanken, die noch auf die Eisenbahn warten mussten, bevor man sie kommerzialisieren konnte. Die Alte Welt wusste, was Plantagen waren, aber solche anzulegen, ergab nur unter der Voraussetzung Sinn, dass sich die Ernte wie Oliven (kein Vitamin C) oder Trauben (Vitamin C, wenn frisch, aber nicht in Wein) haltbar machen ließ. Zudem mussten die Anbaugebiete umherstreifenden Plünderern oder feindlichen Heeren auffallen und waren unbewehrt. Olivenöl, das Europäern als heilig galt, wurde zum Kochen und als Treibstoff, in Lampen und Arzneisalben genutzt. Der Baum kam gemeinsam mit den Zitrusfrüchten über Spanien nach Amerika. Antonio de Rivera pflanzte den ersten Wald 1560, woraufhin die Art durch die trockenen Täler an der Pazifikküste weiterwanderte, wo das Klima jenem am Mittelmeer ähnelte. Zwei der frühen Anlagen in Kalifornien wurden abermals von Missionaren unterhalten.

Indigene Trauben wuchsen reichlich, bloß taugten sie nicht für Wein. Die Spanier brachten eigene mit, doch der daraus gewonnene Tropfen fand über Gottesdienste hinaus keinen Zuspruch, auch wenn man beispielsweise guten Sherry daraus machen konnte. Eine einzige einheimische Sorte brachte eine kurzlebige Weinindustrie um Ohio hervor, Catawba. Sie wurde 1802 entdeckt oder bestimmt und ergab laut *Illustrated London News* sowohl Weißwein als auch Champagner, die deutschen respektive französischen Erzeugnissen überlegen waren. Leider gingen die Stöcke unter Schimmelbefall ein.

Sobald das Bahnnetz ausgebaut war, lag frisches Obst in den Läden und später auch Supermärkten der Städte. Die ersten Dosenfrüchte kamen ungefähr gleichzeitig in den Handel, sodass die Verfügbarkeit von Lebensmitteln plötzlich nicht mehr ortsabhängig war. Man konnte den Vertrieb organisieren und Geld damit verdienen. Diese beiden Errungenschaften hatten beinahe die gleiche Tragweite wie die Entdeckung Amerikas als solche; sie standen am Anfang einer Ära des Überflusses.

KAPITEL

11

VOM OBSTGARTEN ZUR PLANTAGE

Bananen, Avocados und Tomaten

Bananenverkauf in Madurai in Indien, wo das Gros der Erträge vor Ort verbraucht wird.

BANANEN
KRUMME DINGER

Die Banane gelangte aus ihrer Ursprungsregion Guinea nach Indien und zu den arabischen Gewürzhändlern. Zusammen mit Zucker gehörte sie zu den ersten Pflanzen auf den Plantagen der neuen Welt, und wie die Konquistadoren 300 Jahre früher kauften Eisenbahnunternehmer weite Landstriche Lateinamerikas für die Produktion auf – daher der Begriff „Bananenrepublik".

Kapitän Lorenzo Dow Baker soll die Frucht 1870 von Jamaika nach Boston gebracht und so in den USA eingeführt haben. Sie war erschwinglich und fand Anklang. Den Bahnmoguln, die Strecken durch Costa Rica bauten und Bäume entlang der Schienen pflanzten, um ihre Arbeitskolonnen kostengünstig zu ernähren, dämmerte schließlich, dass sie über eine verkaufsfertige, exportierbare und gewinnbringende Nutzpflanze verfügten. Ihr Kartell kontrollierte in den 1930er Jahren über 80 Prozent des Bananenhandels in den Vereinigten Staaten.

Die Banane erschlich sich Zugang zu den Küchen weltweit, bevor man Güter gekühlt lagern und befördern konnte. In Mexiko wurde sie getrocknet und auf Märkten als Backmehl angeboten, Schriften im 19. Jahrhundert priesen ihre Vorzüge an, wenn man sie in Konfitüren verarbeitete, zu Steak oder in Rührei gebraten mit Brotwürfeln reichte. Sie war eine Herausforderung. Wo es keine Transportmöglichkeit gab, verdarb die Ernte, in Indien und China hingegen konnten alle Erträge direkt vor Ort konsumiert werden. Karamellisierte Bananen, die auf Speisekarten von China-Imbissen zum Klischee verkamen, haben eine lange Tradition. In Mittelamerika, wo die Pflanze zur Ausfuhr angebaut wird, hat sie einen undurchsichtigen, zweifelhaften Werdegang hinter sich. Sie und in gewisser Weise auch die Ananas sind zum hässlichen, dunklen Geheimnis der Nahrungsmittelhistorie geworden. Entgegen der Behauptung, Bananen wären ein bedeutendes Wirtschaftsgut für Entwicklungsländer, stellt sich die Frage, wer letztlich Kapital daraus schlägt.

Das Preisdumping in Supermärkten – Bananen bleiben eine der beliebtesten Waren an den Obsttheken – geht genauso rigoros weiter wie die Ausbeutung von Plantagenarbeitern, wobei gegenwärtig im Vergleich zu Weizen und anderen Nutzpflanzen die zehnfache Menge von Pestiziden versprüht wird. Eigentlich handelt es sich um ein zu groß geratenes Kraut, das nicht einmal ökologische Vorzüge hat, weil es nur einmal fruchtet und dann abstirbt.

RAUBBAU AN MENSCH UND NATUR

Die Pflanze laugt Bodennährstoffe aus, und die Schädlingsbekämpfungsmittel zerstören sowohl Muttererde als auch den Meeresgrund, indem sie in Korallenriffe sickern. Als hungrige Monokultur ließ die Banane hektarweise chemisch sterile Wüsten und eine Industrie entstehen, die mehr Abfall verursacht als jede andere der Lebensmittelbranche.

Die Geschichte der Banane ist ein Drama voller Fehlschläge, enttäuschter Erwartungen und Habgier. Zentralamerikas Republiken lockten die Eisenbahner mit Schmiergeldern und freiem Land. Die Einheimischen wurden von den Weißen verdrängt, weil sie ihnen Umstände bereiteten, zumal Migranten aus der angrenzenden Umgebung bereit waren, länger für weniger Lohn zu arbeiten. Die Bauherren unterdrückten das Volk mit dessen eigener Armee und schufen ein neues Lehenswesen. Der Freiherr des Mittelalters erstand wieder auf.

Konzerne wurden mächtiger als Regierungen. Sie bestimmten über Versorgung, Wachstumsgrad, Investitionssummen und Transportwege. Mit Handel hatte das nichts zu tun, vielmehr mit einer vertikal ausgerichteten, höchst effizienten Maschine.

Die Läden drückten die Preise immer weiter. Man sprach von einem Rennen zum Nullpunkt des Marktes, und noch heute beträgt der Gewinn aus einer Banane im Schnitt 45 Cent pro erlöstem Dollar, wogegen die Feldarbeiter weniger als zwei Cent erhalten. Zyniker höhnen, nur der Einzelhandel würde daran verdienen, und tatsächlich fanden die Monopolisten in ihm einen Ebenbürtigen. Er verlangte zudem makellos gelbe Bananen, wodurch die Chemiekeule dicker und der Berg aus Pflanzen, die den Anforderungen nicht entsprachen, höher wurde. Über 30 Prozent mancher Ernten wandern deswegen auf den Müll.

Gewerkschaften galten als umstürzlerisch. In den 1950er-Jahren fürchteten sich die US-Präsidenten Eisenhower und Truman dermaßen vor einem kommunistischen Aufstand im eigenen Land, dass sie rechtsgerichtete Organisationen beauftragten, die legitimen Regierungen in Mittelamerika zu stürzen. 30 Jahre dauerte die ideologische Pattsituation. Amerika pochte auf freien Handel

Schuften auf einer Plantage in Guatemala, 1925. Man beachte das Gewehr am Pferdesattel.

für seine übermächtigen Freunde, die europäischen Staaten wollten eine Vorzugsökonomie zwischen Staaten, mit denen sie historische Verbindungen und koloniale Wurzeln verbanden. Im 36 Jahre von einem Bürgerkrieg gebeutelten Guatemala leben laut Definition der Weltbank immer noch 60 Prozent der Bevölkerung in Armut, besonders in ländlichen Gegenden, und genauso in Honduras. Costa Rica hat sich durch seine Ökopolitik dem Trend widersetzt und den Subsistenzbauern anscheinend aus ihrer alternativlosen Situation geholfen.

Das Bananenmonopol teilten sich Firmen, die wir von den Auslagen kennen – Dole, Del Monte, Fyffes, Noboa, FF, Chiquita – und einen globalen Marktanteil von 85 Prozent hatten. Man einigte sich auf einen Kompromiss, aus dem das Fair-Trade-Konzept geboren wurde. Die meisten international erhältlichen Früchte stammen heute aus Lateinamerika. 2011 waren Ecuador, Costa Rica, Guatemala, Kolumbien und die Philippinen Hauptexporteure, zu den Spitzenproduzenten zählen China, Indien und Uganda, wo das Produkt größtenteils im Land bleibt und nachhaltig erzeugt wird.

ORIGINALREZEPT

BANANENSPLIT

Diese Süßspeise erfand einer romantischen Anekdote zufolge der 23-jährige Chemiestudent David Evans Strickler als Lehrling in der Apotheke Tassel in Latrobe, Pennsylvania. Der Erfolg war so durchschlagend, dass er die Filiale kaufte. Das ursprüngliche Rezept wurde drei Jahre danach 1907 veröffentlicht und heißt so, weil man die Banane längs halbiert. Hinzu kamen an beiden Enden je zwei Kugeln der seinerzeit neuen Eiscreme, ein Schlag Sahne sowie eine Maraschinokirsche zur Verschönerung, die damals gleichermaßen ein Novum war und teuer aus Kroatien beschafft wurde. Auf einer Seite lagen gehackte Nüsse, auf der anderen gewürfeltes Obst – eine recht innovative Schöpfung, aber nicht so ausgefallen wie einige spätere Varianten.

BANOFFIE PIE

Das Ungewöhnliche an dieser Bananenkreation ist, dass man sie überall auf der Welt schätzt, obwohl sie unbestritten auf ein einziges Restaurant zurückgeht, das *Hungry Monk* im englischen Sussex. Die Besitzer Nigel Mackenzie und Ian Dowdings dachten es sich aus, erstmals serviert wurde es 1971. Der besondere Kniff bestand darin, Dosenmilch dreieinhalb Stunden in der Dose zu kochen, was später sicherheitshalber abgekürzt wurde, weil die Dosen oft explodierten, woraufhin die ganze Küche mit Karamellglasur verklebt war. Es gibt Abwandlungen mit zerbröselten Ingwerkeksen als Tortenboden, anfänglich bestand er aber nur aus 250 g Mehl, 30 g Vanillezucker, 125 g Butter und einem Ei.

Für den Belag Karamell auf den fertig gebackenen Teig geben, geschälte Bananen in Scheiben schneiden und darauf verteilen. Sahne mit Zucker und Instant-Kaffeegranulat sämig steif schlagen, zuletzt mit dem Löffel über den Bananen verstreichen, bis der ganze Boden bedeckt ist, mit frisch gemahlenem Kaffee bestäuben und vor dem Servieren mit einzelnen Bananenscheiben verzieren.

RECHTS: *Bananen und Bambus. Illustration aus Frankreich, 1884.*

1.
2.

Porträt einer Frau von Vincent Alban, 1783. Avocado und Marmor betonen ihre hohe gesellschaftliche Stellung.

AVOCADO
KROKODILSTRÄNEN

Wegen ihrer runzlig schwarzen Haut nannten Siedler die Avocado Krokodilsträne, doch sie stammt aus tiefster Vergangenheit, wie Funde in Mexiko von 10 000 v. Chr. beweisen. Frühe Seeabenteurer bezeichneten sie als Kadettenbutter, Chinesen und Inder als Butterfrucht. Ihr geläufiger Name leitet sich von dem aztekischen *ahuacatl* ab, was auf ihre Form anspielend „Hoden" bedeutet und eine aphrodisierende Wirkung unterstellt. Das Wort beeinflusste Sprachen wie Niederländisch *(avocaat)*, Spanisch *(abogado)* oder Französisch *(avocatier)*, wohingegen man auf Trinidad und Tobago *zaboca* sagt; George Washington schrieb 1751, auf Barbados gebe es Unmengen von „agovago-Birnen". Der Begriff *ahuacatl* könnte zudem in den Namen des beliebtesten Rezepts eingeflossen sein: Guacamole.

Die Avocado reiste gemütlich um die Welt. Sie erreichte 1750 Indonesien, 1809 Brasilien, den Mittleren Osten 1908 und britische Supermärkte erst in den 1960er-Jahren. Als die Spanier aber in Amerika eintrafen, war sie von Mexiko über Peru bis zu den Bergen Venezuelas präsent.

Sie verbreitete sich schleppend und willkürlich. Pflanzensammler, die Keimlinge mit in ihre Heimat nahmen, setzten je drei auf einmal und behielten nur den stärksten, doch nachdem der erste 1833 in Florida Wurzeln geschlagen hatte, dauerte es fast ein Jahrhundert, bis Bäume in nennenswerter Zahl wuchsen. Der kalifornische Sammler Carl Schmidt nahm wilde Avocados aus Mexiko mit und probierte sie sowohl in seinem eigenen Garten als auch bei Nachbarn aus. Im harten Winter von 1913 starben alle Bäume außer einem, der als Fuerte – der Starke – bekannt wurde.

Die Sorte „Hass" ist genauso zufällig entstanden. Ihr Namensgeber Rudolph Hass, Postbote und Hobbygärtner, bekam Samen von dem Botaniker A. R. Rideout geschenkt, die er für die Sorte Fuerte hielt, doch nach vielen Anbauversuchen blieb nur ein Setzling am Leben. Die Früchte, die er auf einem Markt in Pasadena verkaufte, wurden auf ihn getauft. Den 1926 gepflanzten Baum fällte man 2002.

ORIGINALREZEPT

LORENZOS BERÜHMTE SOSSE

In höhere Kreise gelangte die Avocado erst 1946, als sie anlässlich Franklin D. Roosevelts Vereidigung zum US-Präsidenten im Mayflower Hotel in Washington serviert wurde. Sie rundete zusammen mit einer Grapefruit einen Romana-Salat ab, dessen Dressing unter dem Namen Lorenzo auf der Speisekarte gelistet war. Dahinter steckte ein Kellner des New Yorker Club 21:

2 TL Rotweinessig, ½ TL Senf, 50 ml Olivenöl, 2 TL Chilisoße,
2 TL fein gehackte Kresseblätter, 2 TL krosse Speckwürfel.

Es gibt nicht viele gute Gerichte mit Avocado. Die passende Kombination ist wichtiger als die Art der Zubereitung, und die besten werden zu Stereotypen, etwa Vinaigrette mit Garnelen. Ein Rezept im eigentlichen Sinn dürfte abgesehen von Avocado auf Toast nur zu mexikanischer Guacamole existieren, wozu man Koriander, weiße Zwiebel, Peperoni (optional), Limettensaft, Salz und eine kleine Tomate mischt. Damit das Ganze nicht braun wird, sollte man den Kern in der Schüssel lassen und den Limettensaft nicht vergessen oder den einer Zitrone nehmen. Ungewöhnliche Kost für ein festliches Bankett ...

Cremige Guacamole setzt einen Kontrast zur gröberen Beschaffenheit von beispielsweise Getreidespeisen und gehört zum Inventar jeder Salatbar in Kalifornien – ein gesunder Sattmacher für sonnenbadende Millennials.

200 g Quinoa mit dreimal so viel kaltem Wasser bedecken, erhitzen und 12 bis 15 min kochen lassen. Inzwischen geschälte und geschnittene Gurke, Fetakäse, geröstete Mandeln, geviertelte Tomate und ein paar Kalamata-Oliven in einer Schüssel vermengen. Zum gekochten Quinoa geben. Zuletzt Avocado schälen und würfeln.
Mit Zitrone, Joghurt oder schlicht Olivenöl reichen.

RECHTS: *Illustration einer Avocado (*Persea gratissima*) aus der Botany Library Plate Collection des Natural History Museum, London.*

Persea gratissima Gærtn.

Tomaten – hier zum Trocknen ausgelegt auf Sizilien – werden auf der ganzen Welt gegessen.

TOMATEN
GOLDENE ÄPFEL

Zu den kostbarsten Schätzen der Neuen Welt zählen die rankenden *Solanaceae*. Dazu gehören neben Kartoffel, Aubergine und Tabak auch Tomaten, das bunteste Familienmitglied. Schon die Azteken kannten die sogenannten Nachtschattengewächse, die definitiv bereits früher als 500 v. Chr. gegessen und hauptsächlich von Ureinwohnern in Mexiko übernommen wurden. Dort fand Cortés sie, und Columbus könnte Pflanzen nach Spanien geschickt haben. Die Kolonialisten nahmen sie mit auf die Philippinen, woraufhin sie sich im Rest Asiens ausbreiteten.

Unter botanischen Gesichtspunkten sind Tomaten Früchte. Ihre Bezeichnung *Solanum lycopersicum* („Wolfspfirsich") erinnert an die frühere Furcht vor Hexen, die damit Werwölfe beschworen haben sollen. Die Spanier adaptierten das Nahuatl-Wort *tomatl* („dickes Ding" oder „dickes Wasser"), während sich die Italiener mit *pomodoro* („goldener Apfel") vermutlich um die Gunst des Papstes bemühten.

Europa schloss die Tomate nicht sofort ins Herz und verwendete sie zunächst nur als Zierpflanze. Das Solanin in den Blättern und das Tomatin im Fleisch waren früher giftiger als heute, was an sich bereits abschreckte. Obwohl Gärtner unterschiedliche Sorten züchteten, spielte die Frucht gut 200 Jahre lang kaum eine Rolle in der Küche. Heute gibt es über 7500 Varietäten.

Die Zurückhaltung vor allem Wohlhabender lässt sich aus kulinarischer Sicht erklären. Essen wurde überwiegend in Metalltöpfen mit einem hohen Anteil von Blei zubereitet, das die Säure der Tomate in toxischen Mengen löste. Arme Leute, die von Holzbrettern aßen, hatten nichts zu befürchten, weshalb die Frucht insbesondere während der Französischen Revolution zum Symbol des einfachen Volkes avancierte. Da die Farbe Rot für den Umsturz stand, diente die Tomate der Mobilmachung. Sie war beim Adel verpönt und darum ein ideales Lebensmittel für die Aufwiegler. In Ketchup mag sie heute zwar beliebt in Großbritannien und den USA sein, doch sie durchzusetzen

VON FLASCHEN ZU DOSEN

Zuerst hatten Pfirsiche und Austern die Ehre, in Konserven verpackt zu werden. Diese Form, Nahrung haltbar zu machen, ging der wissenschaftlichen Entdeckung des Pasteurisierens um mehr als ein halbes Jahrhundert voraus. 1796 lockte das französische Militär mit einer Prämie von 12 000 Francs für ein neues Verfahren. Der Koch und Konditor Nicolas Appert hatte schon daran gearbeitet, um in seinem Geschäft in Massy außerhalb von Paris Gemüse und Gelees in Gläsern anbieten zu können. Die Innovation war relativ schlicht: rohe Zutaten eingeweckt, also gekocht und luftdicht verschlossen. Seine berüchtigtste Schöpfung, ein ganzes Lamm in einer Flasche, diente als Werbegag. Die Belohnung wurde ihm erst 15 Jahre später unter der Bedingung ausgezahlt, dass er die Vorgehensweise publik machte. Im Krieg mit England stürmten und zerstörten die Engländer 1814 seinen Betrieb.

Glas war ein zerbrechliches Transportgut. Der Brite Peter Durand ließ sich 1810 die gleiche Technik patentieren, bloß dass er Blechbüchsen verwendete, die Soldaten mit ihrem Bajonett öffnen konnten; Army und Navy standen als Abnehmer immer zuerst parat. Durands Unternehmen gehört jetzt zu Crosse & Blackwell. Bis 1817 hatte die britische Armee eingemachtes Fleisch im Wert von 3000 £ gekauft, 1824 nahmen Forscher Dosenrindfleisch und -erbsen mit zum Nordpol. In New York eröffnete Robert 1812 die erste Konservenfabrik. Man gab zwar an, die Ware bleibe 30 Jahre frisch, doch 1974 wurde im Mississippi eine Dose aus dem gesunkenen Dampfer Bertrand geborgen, deren Inhalt nach 109 Jahren noch essbar war.

Tomatenketchup, den wir ebenfalls der Konservierungstechnik verdanken, basierte auf einem chinesischen Rezept für eingelegten Fisch, das später auf andere Konsumartikel des Empire – Austern, Pilze, Walnüsse – und auch Bananen (auf den Philippinen) übertragen wurde, womit sich Seefahrer ein Stück Heimat auf den Teller holen konnten. Im Oxford-Englischwörterbuch ist der Eintrag mit einem Zitat von 1690 belegt: „Catchup: feine ostindische Soße". Mitte des 18. Jahrhunderts hießen beliebige dunkle Soßen Ketchup, normalerweise mit Pilzen und Anchovis, doch da Tomaten, wenn sie Saison hatten, im Überfluss vorhanden waren, prägten sie die Bezeichnung unweigerlich.

Anfangs konnte man Ketchup direkt beim Erzeuger kaufen. Amerikanern schien Soße mit viel Gewürz und Essig lieber zu sein als die frische Frucht mit ihrem zweifelhaften Ruf. Jonas Yerkes stellte die ersten Flaschen für den landesweiten Verkauf 1837 her, Heinz folgte 1876.

LINKS: *Werbung von Heinz aus den 1950er-Jahren. Ketchup war patriotisch!*

Die ersten Tomatensuppenkonserven stammten von Campbell's. US-Künstler Andy Warhol verewigte die legendären Dosen in den 1960er-Jahren auf Siebdrucken.

dauerte in beiden Ländern länger. Laut Isabella Beetons einflussreichem *Book of Household Management* (erstmals 1861 in England erschienen) sollte man sie unbedingt meiden.

> Der ganze Strauch riecht unangenehm, und ihr Saft erzeugt auf dem Feuer einen Gestank, der Schwindel und Erbrechen auslösen kann. [Außerdem] hat man herausgefunden, dass sie eine Säure enthält, ein flüchtiges Öl, ein geruchsintensives, harziges Extrakt, ein Pflanzenmineral, zähflüssige Saccharine, Salze und wahrscheinlich auch ein Alkaloid.

Dies widerspreche dem, was drei Jahrzehnte zuvor Eliza Acton geschrieben hatte, eine begeisterte Testerin von Tomatenrezepten aus Amerika, Frankreich und allgemein bäuerlichen Küchen. Der Meinungsunterschied befremdete umso mehr, als aufgefallen war, dass Beeton unverblümt aus den Werken ihrer Zeitgenossin abschrieb. Möglicherweise wollte der Verlag Ward, Lock and Tyler das Buch schützen, dessen Verlagsrechte er nach Isabellas Tod mit nur 27 Jahren günstig von ihrem bankrotten Ehemann erhalten hatte.

WÜRZE MIT DURCHBLICK

In Salem im US-Bundesstaat Massachusetts gegen Aberglauben aufzustehen, war nach der dortigen Hexenverfolgung mutig. Colonel Robert Gibbon Johnson, der reichste Mann der Stadt, tat es 1820, indem er entgegen der Warnung seines Arztes, der ihm den Tod vorhersagte, vor 2000 Zeugen einen Korb Tomaten aß. Er wurde als Historiker, Agrarwissenschaftler und stark verklärter Wegbereiter der Sorte New Jersey zu einer Berühmtheit.

In Carolina brachte Alexander Livingstone Ordnung in die Vielfalt. 1870 verlagerte er sich auf süßere Sorten aus Florida und Kalifornien; gut sieben Stunden Sonne täglich tun Tomaten gut. 1897 erfand Joseph Campbell Tomatensuppe in Dosen, wovon das Unternehmen nun angeblich knapp 90 Millionen pro Jahr verkauft. Heinz behauptet das Gleiche von seiner 1910 entwickelten Variante.

In vielen frühen Ketchups waren krebserregende Stoffe wie Kohlenteer oder Borsäure enthalten. Henry J. Heinz bildete sich so viel auf die Sauberkeit seiner Fabrik ein, dass er Besuchern erlaubte, sich darin umzuschauen, und ließ die Soße, deren Zusammensetzung sein Chemiker G. F. Mason 1906 bestimmt hatte, in Glasflaschen abfüllen, um zu zeigen, dass er nichts zu verbergen hatte. Bald schon kam die Frage auf, warum sie so langsam aus den markanten Flaschen herausfloss – exakt beträgt die Fallgeschwindigkeit 0,04 km/h – und man nachhelfen musste. Dies, so munkelte man, wurde am besten funktionieren, wenn man auf die „57"-Hochprägung im Glas klopft.

ORIGINALREZEPT

DER URSPRÜNGLICHE TOMATO CATSUP

Diese Anleitung aus Sandy Addisons *Sugar House Book* (1801) gilt als allererstes Tomatenketchup-Rezept. Vorläufervarianten enthielten noch Fisch.

[Die Tomaten] reif an einem trockenen Tag pflücken und von Hand pürieren. Auf 100 Stück kommen ca. 125 g feinkörniges Salz. 2 Std. kochen und stetig umrühren, damit sie nicht anbrennen. Noch heiß mit Löffel durch ein feines Sieb streichen, bis nur noch die Haut übrig ist, dann etwas Mazis, 3 Muskatnüsse, Piment, Nelken, Zimt, Ingwer und Pfeffer zum Abschmecken hinzugeben. Über niedriger Flamme köcheln und andicken lassen, rühren nicht vergessen. Abgekühlt in Flaschen füllen. 100 Tomaten ergeben vier oder fünf Flaschen; sie sind zwei bis drei Jahre haltbar.

SAUCE VIERGE

Diese Soße trägt die minimalistische Handschrift der Nouvelle Cuisine: Es handelt sich um Ketchup in abstrakter Form, reduziert aufs Wesentliche – daher „jungfräulich" – und offensichtlich zwar rustikal, aber dank des großen französischen Kochs Michel Guérard populär. Zahlreiche Abwandlungen gibt es, die grundlegende Methode ist simpel: Hochwertiges Olivenöl, gehackte Qualitätstomaten (nicht zwingend geschält oder entkernt), Zitronensaft und frische Kräuter bei Zimmertemperatur in einer Schale ziehen lassen. Leicht fällt das in warmen Gefilden im Sommer, schwerer mit Früchten aus Gewächshäusern und Öl aus zweiter Wahl wie vielleicht in nördlichen Ländern. Mancher dort kocht die Mischung mit Schalotten und gibt Kapern, vielleicht sogar Knoblauch dazu, was einem Offenbarungseid gleichkommt.

Tomate (Solanum lycopersicum) *aus dem* Hortus Eystettensis *(1613), einer umfassenden Sammlung botanischer Illustrationen des deutschen Apothekers und Pflanzenforschers Basilius Besler.*

KAPITEL

12

VOM BISON ZUM RIND

Tierzucht in freier Wildbahn

Als diese Briefmarke 1967 herausgegeben wurde, galt Nebraska als Staat des Rindfleischs. Dessen Verarbeitung macht heute noch den Hauptanteil der dortigen Industrie aus.

DAS ENDE DER BISONS

Paläolithische Höhlenmalereien bei Lascaux in Südwestfrankreich zeigen Rinder, Auerochsen, Pferde und andere große Tiere. Da sie auf 15 000 v. Chr. datiert wurden, dürfen wir davon ausgehen, dass diese Arten für die Menschen damals von Bedeutung waren. Das enge Verhältnis unserer Vorfahren zum Vieh ist auch sprachgeschichtlich erkennbar. *Cattle*, das englische Wort dafür, geht auf *catel* zurück, das wiederum von *capitale* (Kirchenlatein) kommt, einer Ableitung von *caput* („Kopf"). Es stand für etwas Bewegliches, das den Besitzer wechseln und Nutztiere aller Art umfassen konnte. Diese hießen auf Altenglisch *feoh* im Sinne von Eigentum, was im modernen *fee* („Gebühr") erhalten geblieben ist. Infolge der normannischen Eroberung Englands im Jahr 1066 sind die kulinarischen Begriffe in der Landessprache französischen Ursprungs, weil Franzosen den Adels- und Einheimische, die sich auf Angelsächsisch verständigten, den Bauernstand bildeten. So leitet sich *beef* („Rindfleisch") von *boeuf* ab, *cow* („Kuh") hingegen von *cu*. Das Muster setzt sich in *pork* und *pig*, *chicken* und *poultry* fort: Französisch auf der Speisekarte, Angelsächsisch im Stall.

Pferd und Rind taugen als Sinnbilder für die Neue Welt, gleichwohl sie rund 300 Jahre brauchten, um es zu werden. Die Konquistadoren imponierten den Eingeborenen Südamerikas sicherlich, so wie sie mit glänzenden Rüstungen und gezückten Schwertern auf Pferden ritten. Diese wurden allerdings erst im 19. Jahrhundert nach der Gründung katholischer Missionen in Texas und Kalifornien zu Herden zusammengeschlossen; zuvor hatten viele – wie auch Schweine in Freiheit gelebt.

Das Vieh der Siedler war zunächst nicht überall willkommen; es zertrampelte Feldpflanzen und verbreitete Unruhe. Zudem hatten die Protestanten genug Wildfleisch. Die Rinder der Spanier im Süden weideten anfänglich in der Nähe der Siedlungen der Jesuiten, wo sie sich langsam vermehrten. Sie waren wichtiger als Schlachtvieh und wurden kastriert, damit sie an Gewicht und Kraft zulegten, um Pflüge oder Wagen zu ziehen. Verzehrt oder zur Lederherstellung verwendet wurden sie seltener, denn dazu gab es heimische Tiere: Bisons.

Ihr Schicksal besiegelten zwei Mitbringsel der Siedler: das Pferd und die Muskete. Bislang hatte man Bisons zu Fuß erlegt. Für gewöhnlich wurden sie in die Enge oder in Abgründe getrieben. Um einen ausgewachsenen Bison zu töten, bedurfte es einer ganzen Gruppe von Jägern. Zu Pferd aber konnte man zu Bisons aufschließen, obwohl sie bis zu 50 km/h schnell liefen. Dank der Muskete hatte man dann leichtes Spiel mit ihnen, zumal sie eine rührende und fatale Schwäche an den Tag legten: Starb einer aus der Herde, scharten sich die anderen un ihn. Man brauchte also nur einen zu erschießen und durfte sich dort, wo er sein Leben ließ, reicher Beute erfreuen. 1871 wurden jährlich eine halbe Million Kadaver mit dem Zug gen Osten befördert. Aus dem Fell stellte man Soldatenstiefel, Fließbänder für neue Fabriken, Kleider und weitere Produkte her.

Wilde Bisons im Winter auf Nahrungssuche im nördlichsten Teil Wyomings im Yellowstone-Nationalpark. Geschätzt 30 Millionen streiften einst durchs nordamerikanische Flachland. Überlebt haben weniger als 5000 in freilaufenden, krankheitsfreien Herden, die meisten in Nationalparks. Foto: Carol M. Highsmith. Library of Congress Prints and Photographs Division.

GEDÖRRTES ZUM MITNEHMEN

In Amerika isst man Pferde nicht; das ist tabu. Die letzten Schlachthäuser wurden 2007 geschlossen und hatten ohnehin nur in die Alte Welt exportiert. Die Mexikaner führen weltweit am meisten Pferdefleisch aus, verzehren es aber selbst kaum. Dies gilt auch für Südamerika, obwohl die Viehtreiber Chiles ihre Tiere wie Rinder behandelten, ihre Milch tranken und Pferdetatar aßen. Den Konsum dieser Fleischart nennt man Hippophagie. In Asien ist er mancherorts üblich – in Japan gibt es Sashimi mit rohem Pferd – und sehr häufig bei Nomadenvölkern. In einzelnen Regionen Kanadas spiegelt sich darin ein alter französischer Brauch wider, und vor allem in Italien steht Pferdefleisch in vielen traditionellen Rezepten; im Lauf der Zeit wurde es größtenteils durch Wildbret, Rind und Lamm abgelöst. Pferde finden immerhin anderweitig Verwendung, und alte Klepper dürften vornehmlich in Notfällen verzehrt worden sein, auch wenn man sie neben Bär und Dachs auch in ganz frühen Kochbüchern findet.

Aus Bison hingegen machten die Cree *pemmikan* („Fett"). Die Idee wurde rasch aufgegriffen, nicht zuletzt für Expeditionen in den kanadischen Norden und die Arktis. Bei den Métis, einem Volk mit indigenen wie europäischen Wurzeln, entwickelte sich ein ganzer Wirtschaftszweig daraus, während sie Fellhandelsposten mit *pemmikan* versorgten. Angeblich verdienten sie so mehr Geld als andere Ureinwohner mit Biber- und Bärenhäuten.

Das Fleisch eines erlegten Bisons trocknete in dünne Steaks geschnitten auf heißem Fels. Man klopfte es mit Steinen weich, wobei ein paar Wildbeeren und zerlassenes Fett hinzukamen, bevor es in ein ungegerbtes Fell geschlagen wurde. Ein Büffel-Pemmikan – *taureau* (frz. für „Stier") – wog üblicherweise 40 kg. In *taureau fin* war Euterfett enthalten, in *taureau grand* Knochenmark, und das Fleisch eines Büffels ergibt ein *taureau*. Aufgrund der kurzen Jagdsaison im hohen Norden durfte man keine Zeit verlieren und brauchte kompakten wie nahrhaften Proviant, der sich leicht handhaben und in Kanus verladen ließ. Je unwirtlicher die Gefilde wurden, desto mehr schätzte man *pemmikan*.

Es war roh genießbar, doch Sam Steele schrieb 1874, es schmecke besser in *rubaboo*, einem Eintopf mit Kartoffeln und Wildzwiebeln. Die Jäger auf den Great Plains sollen nur das Fleisch und die Zutaten ohne Wasser erhitzt haben. Auch die Schlittenfahrer, die zum Nord- und Südpol strebten, wollten *pemmikan* nicht missen, ja, selbst die kulinarisch einfallsreiche britische Armee verteilte es im Burenkrieg mit Zucker und Kakao als Feldration.

HAMBURGER HISTORISCH

White Tavern, *1941 ein angesagter Imbiss in Amsterdam, New York.*

Der erste Hamburger dürfte aus Bisonfleisch bestanden haben. Der Name verwies eindeutig auf den Hafen, von dem aus die meisten Deutschen und Osteuropäer ihre Reise nach New York antraten. Man kann vermuten, der Burger sei dort erfunden worden, doch auch andere Orte erheben Urheberansprüche. Viele Neuschöpfungen, beispielsweise der Hot Dog, stammten von Jahrmärkten, und der Hamburger wurde möglicherweise auch an einem Stand ohne Sitzmöglichkeiten kreiert. Entscheidend war: Mitte des 19. Jahrhunderts vereinfachte sich das Zerkleinern von Fleisch. Für Bratlinge wurde es nicht mehr mit dem Schlachtmesser gehackt, sondern haschiert, wie man nun sagte. Dieser Fortschritt und die Mengen, die man in Städte lieferte, ließen die Preise sinken und machten es beliebter. Bison stand für die Vergangenheit, Rind für die Zukunft.

Allerdings bestand eine größere Gefahr, gestreckte Ware zu bekommen und sich eine Lebensmittelvergiftung zuzuziehen. Ferner wurde während des Ersten Weltkriegs alles Deutsche, also auch der Hamburger, für unpatriotisch befunden. Darum begrüßte man Franchise-Restaurants, die anders als Imbisse ein reinliches, seriöses Bild abgaben und moderate Preise hatten. Amerikas erste Burger-Kette White Castles entstand 1921 in Wichita in Kansas und breitete sich über vorgefertigte weiße Burgen, etwa 8,5 m im Quadrat und einem Wasserturm an der Chicago Avenue nachempfunden, im Mittleren Westen aus. Das kluge Konzept, das auf Mobilität und Schnelligkeit beruhte, machte temperamentvolle Chefköche und ihre Gehilfen verzichtbar. Castles sorgte für alles bis auf den Weizenanbau und die Viehzucht selbst, auch für die weißen Hüte der Mitarbeiter. Nach zehn Jahren trat der Nachahmer Krystal aus Chattanooga in Tennessee auf den Plan, 1940 eröffnete im kalifornischen San Bernadino das erste McDonald's. Acht Jahre später stellten Richard und Maurice McDonald das Speedee-Service-System vor (man sieht das Maskottchen, das 1967 durch Ronald ersetzt wurde, noch im ältesten offenen Lokal in Downey). Die neunte Filiale von Ray Croc, einem der ersten Lizenznehmer, nahm ihren Betrieb 1955 in Plaines in Illinois auf. Er kaufte den Brüdern bald die ganze Marke ab und forcierte ihre internationale Expansion.

Büffeljagd, dargestellt in George Catlins North American Indian Portfolio, *1844. Der Künstler untersuchte und malte acht Jahre lang die Bräuche von 48 Volksstämmen.*

DER WAHRE JAKOB

Im Zuge der fortschreitenden Waffenentwicklung verdrängte ab ungefähr 1850 das Gewehr die Muskete. Dass Bisons 25 Jahre später offiziell ausgestorben waren, kommt gewiss nicht von ungefähr. Farmer allerdings besserten ihr Einkommen noch einige Jahre danach mit dem Verkauf von Dünger aus Bisonknochen auf.

Damit brach die große Stunde des Viehs und des Cowboys heran. Die Führung von Rindern oder Schafen über das weitläufige Terrain und die gewaltigen Entfernungen des Kontinents hinweg zu Märkten war höchst lukrativ, besonders während des Eisenbahnbaus. Die Herden überstanden den Bürgerkrieg gut: Sie grasten in freier Wildbahn und pflanzten sich ungestört fort, sodass 1865 über fünf Millionen auf den Ebenen lebten.

Der Cowboy- und Western-Mythos geht auf eine reale Person zurück, den Chicagoer Viehhändler Joseph McCoy. Er baute die Bank und den Schlachthof in Abilene an der Kansas Pacifc Railway, einer Versorgungsroute der Konföderierten im Krieg. Seinen Kunden bot er Spitzenpreise; einer bekam 16 800 $ für 600 Tiere, die ihn nur 5400 $ gekostet hatten. Von 1867 bis 1881 endeten mehr als zwei Millionen Rinder in Abilene, ihr Schlächter wurde durch die Redewendung *the real McCoy* („der wahre Jakob“) unsterblich.

Jenseits des Atlantik erschien dann ein auch für Amerika bahnbrechendes Buch. Die Erforschung und Zucht unterschiedlicher Rinderrassen wurde als Wissenschaft verstanden. Heute ist belegt, dass sämtliches Fleisch, das als Aberdeen Angus deklariert ist, auf eine Familie in schottischen Aberdeenshire und den Bullen Grey-Breasted Jock zurückgeht. Er steht als Nummer eins im *Scottish Herd Book*. Seine Mutter war vermutlich Old Granny (1824–1874), die über 100 Kälber auf derselben Farm zur Welt brachte. Erste Aberdeenrinder kamen 1873 in Kansas an. Sie stießen auf verhaltenes Interesse, doch innerhalb von zehn Jahren hatte sich in Chicago ein Zuchtverband gegründet, und die Kolonialisierung der ehemaligen Kolonien durch die Schotten begann. Dafür konnten sie auf Erfahrungen zurückgreifen. Die Große Hungersnot in Irland rührte auch daher, dass England die saftigen Wiesen dort als Weiden für das Vieh benutzt hatte, das zu Cornedbeef – *corn* wie „Salzkorn“, also „Salzfleisch“ – verarbeitet wurde. Der Verkauf von Rindfleisch an Plantagen in der Karibik bildete eine Achse eines Handelsdreiecks, das neben Salz auch Zucker miteinbezog.

Ab dem 17. Jahrhundert versorgte man die jungen Städte Englands mit Konserven, und Grundbesitzer verdienten Vermögen, indem sie das nimmersatte Militär belieferten, das reisefertiges Fleisch verlangte. Rind wurde in die Güteklassen *small*, *cargo* und *best mess* unterteilt. Dublin, Cork und Belfast lebten von diesem Gewerbe. Salz brachten Exporteure aus Spanien und von der französischen Westküste mit. 1688 bildete Cornedbeef die Hälfte aller Ausfuhrgüter Irlands. Dort selbst wurde es kaum gegessen, weil es zu teuer war. Die Produktion erreichte ihren Höhepunkt im Ersten Weltkrieg, als die Truppen verköstigt werden mussten, und spielte auch im Zweiten Weltkrieg eine Rolle. Das Fleisch dazu stammte aber aus Uruguay, einem anderen Hinterhof des Empire. Die Fabrik Fray Bentos hatte über 5000 Angestellte, und die Landeswährung stand bis Kriegsende höher im Kurs als der Dollar. Der imperialistische Ansatz war der gleiche: eine nicht zu dicht besiedelte Region finden und Rinderzucht anregen, nicht das Bevölkerungswachstum.

ORIGINALREZEPT

EINE SCHÜSSEL ROTES

Bowl of red ist das offizielle Gericht des Staates Texas und wurde wahrscheinlich abends von Viehtreibern an ihren Wagen gekocht. Alljährlich treffen sich am ersten Novemberwochenende Liebhaber zu einem Wohltätigkeits-Kochwettbewerb in der Kleinstadt Terlingua, ein weiterer, den der Gewürzhersteller Pendery's sponsert, findet in Dallas statt. Das ursprüngliche Rezept wurde einvernehmlich nur insoweit vereinfacht, als zwar die Zubereitungsart unverändert blieb, man aber anscheinend der Beständigkeit zuliebe bloß getrocknete Kräuter anstelle frischer verwendet. In diesen Schritten vereinen sich die Methoden der Sieger in jüngerer Zeit:

Erstens – Kurzrippensteak (ca. 1 kg) in scharfer Soße anbraten, beiseitestellen und Pfanne auswischen. Zweitens – der sogenannte Dump One – Rinder- und Geflügelfond zum Lösen der Röststoffe mit Chilis, Knoblauch, Pfeffer und Zwiebeln würzen. Steak 50 min darin garen.

Dump Two ist eine andere Mischung mit Kreuzkümmel und mehr Geflügelfond. Sie wird weitere 40 Minunten lang gekocht, 20 Minuten vor dem Servieren gibt man noch einmal Kreuzkümmel, scharfe Soße sowie braunen Zucker hinzu. Die Garzeiten für beide Durchgänge sollte man unbedingt einhalten.

Die Zusammensetzungen machen den Hauptunterschied aus: Zuerst sind es die Chilisorten San Antonio Original, San Antonio Red und Temper-Temper von Pendery's, dann u. a. Mexene Cayenne und Knoblauchsalz.

Der ausgiebige Einsatz von Kreuzkümmel überrascht, weil er ein für Amerika untypisches Gewürz aus dem Mittelmeerraum und Südostasien ist. Kathryn Cavender lüftete eines ihrer Geheimnisse, als ihr Rezept 2019 mit Gold ausgezeichnet wurde: Sie hatte die Einwegbecher, aus denen die Jury probierte, vorab den Geschmack von Bolner's Fiesta Comino annehmen lassen, der auf der gleichnamigen Insel vor Malta wächst.

BEEF.

A, Leg of Beef; B, Round; C, Aitch-bone; D, Rump; E, Thick Flank; F, Sirloin; G, Fore-rib; H, Middle-ribs; I, Thin Flank; K, Brisket; L, Chuck and Leg-of-Mutton piece; M, Clod; N, Sticking; O, Shin; P, Cheek; Q, Suet; R, Skirt; S, Heart; T, Melt; U, Tongue; V, Liver; W, Lights; X, Brains; Y, Kidneys; Z, Tail; A′, Tripe; A″, Cowheel.

Alle Stücke vom Rind in einer Ausgabe von Mrs Beeton's Family Cookery and Housekeeping Book *von 1890.*

EINE WELT ZWISCHEN ZWEI BROTSCHEIBEN

In New York schlug sich das Viehgeschäft im Reuben-Sandwich nieder, einer klassisch amerikanischen Kreation mit Fleisch aus jüdischer Schlachtung. Wie üblich existieren mehrere Erklärungen dafür, wie es zu dieser geschichtsträchtigen Kombination aus Roggenbrot, Cornedbeef, Schweizer Käse, Sauerkraut und Russian Dressing kam. Kein Zweifel besteht indes daran, dass viele der kleinen Einwanderergruppen der Stadt ihre Spuren darin hinterlassen haben. Arnold Reuben eröffnete 1908 in der Park Avenue 802 einen nach ihm benannten Feinkostladen. Er taufte Sandwichs gerne auf Kundschaft vom Broadway; man munkelte, das *Reuben* habe etwas mit einer Freundin von Charlie Chaplin zu tun. 1928 stand es dann schwarz auf weiß in einer Erklärung von Patricia R. Taylor, einer von Reubens Töchtern, an den Restaurantkritiker Craig Clairbone:

> Einmal spätabends kam eine Filmpartnerin von Charlie Chaplin herein und sagte: „Reuben, machen Sie mir ein Sandwich, aber ein dickes, ich bin so hungrig, dass ich einen Backstein essen könnte." Vater nahm zwei schräg geschnittene Scheiben Roggenbrot, belegte eine mit gebackenem Virginia-Schinken, Putenbraten, originalem Schweizer Käse und Sauerkraut, darauf reichlich von unserem hauseigenen Russian Dressing und schließlich die zweite Scheibe. Die Lady probierte und meinte: „So ein gutes Sandwich habe ich noch nie gegessen. Sie sollten es Annette Seelos Special nennen." Er antwortete: „Bestimmt nicht, es wird Reuben's Special heißen."

Mit Thousand-Island-Dressing (die „Tausend Inseln" liegen im Sankt-Lorenz-Strom) als Alternative entstanden Abwandlungen, deren Zahl so unüberschaubar ist wie die Geschichte dahinter dubios … von ihrer Benennung ganz zu schweigen.

Im Rachel-Sandwich stecken Pastrami oder Pute statt Cornedbeef und Krautsalat statt Sauerkraut. In Michigan heißt die Variante mit Pute Georgia- oder California-Reuben, und Sloppy Joe aus New Jersey kann sowohl Rinder- als auch Schweineschinken enthalten. Das mag nicht koscher im Sinn der jüdischen Vorlage und demnach *sloppy* („achtlos") sein, während das *Dictionary of American Slang* die schnöde Erklärung bietet, es sei bloß Rinderhack mit Tomate und Worcestersoße im Brötchen.

Uruguayischer Gaucho auf einer Postkarte von J. M. Blanes, 1902. Das Land bleibt eine der Hauptproduktionsstätten für Rindfleisch; auf einen Bürger kommen vier Tiere.

POSTSKRIPTUM

DIE SEIDENSTRASSE

Des Kaisers neue Kleider

Sicomuri.

DIE BESCHEIDENE MAULBEERE

Ich hätte diese Geschichte auch andersherum erzählen können. Im englischsprachigen Raum orientieren wir uns von Ost nach West; ein Spanier oder Araber mag den Columbian Exchange in Gegenrichtung rekapitulieren. *Die* eine entscheidende Entdeckungsreise fand so oder so nie statt.

Der Pflanzen- und Nahrungsmitteltausch erfolgte nach und nach entlang der Gewürzstraßen. Es war kein Paukenschlag, sondern glich einer langen Leine, die sich über Kontinente hinwegschlängelte. Nicht Kolumbus fand die Schätze Asiens und des Ostens: Die Portugiesen taten es. Die Verbindung zwischen Spanien und Amerika überschattete deren Leistung allerdings wenige Jahre später.

Eine kleine, unauffällige Frucht erwies sich im Vergleich zu den jetzt geläufigeren Him-, Brom- und Erdbeeren als besonders bedeutend: die Maulbeere. Sie führte zu einer der wichtigsten technischen Entwicklungen der östlichen Hemisphäre, gab einer legendären Handelsroute ihren Namen – der Seidenstraße – und nahm gewissermaßen vorweg, was später auch dem Mais gelang: Sie schenkte der Welt Seide zum Anziehen.

Anders als in Amerika stießen die Portugiesen in Fernost nicht auf Eingeborene oder Stammeskulturen, sondern auf Militärimperien, Königreiche und Kalifate. Sie lernten Handelshäfen und bewaffnete Kaufleute kennen, die Brücken zwischen den Ländern am Indischen Ozean und weiter nördlich am Roten Meer schlugen, wo die Araber herrschten. Dabei griffen sie in einen offensichtlich etablierten Markt ein, der vom Indik weit nach Osten bis zu den Chinesischen Meeren reichte. Da sie praktisch die Ausbreitung des Islam nachzeichneten, würde eine arabische Chronik der Welt zu einem deutlich früheren Zeitpunkt beginnen als eine europäische oder amerikanische, genauso wie etwa eine chinesische. Portugal und die frühen europäischen Abenteurer erschlossen im Grunde nichts Neues, sondern beteiligten sich an etwas Bestehendem.

Man wusste genau, welche Kostbarkeiten Asien bot. Römer und Perser zahlten für östliche Seide und Atlas in Gold und Silber. Textilherstellung und Webstühle waren in China viel weiter fortgeschritten als in unseren

Links: *Maulbeerernte im* Tacuinum Sanitatis *(mittelalterliches Gesundheitshandbuch, vor 1400). Grundlage waren Untersuchungen von Esswaren, Getränken und Textilien unter medizinischen Gesichtspunkten.*

Breitengraden. In Rom schätzte man auch die wenigen Gewürze, die auf diesem Weg ankamen, vor allem Nelken und Muskatnuss.

Marco Polo und andere Kaufleute kannten die Seidenstraße durch Persien und den Himalaya, wenngleich Araber, die Spezereien aus dem Osten brachten, nur einen vagen Eindruck von ihrem wirklichen Zauber vermittelten. Die nördliche Seidenstraße führte von China über den Knoblauchhalbmond um den Himalaya ins heutige Istanbul. Über sie wurden Zimt, Pfeffer, Ingwer, Kurkuma und Muskat aus Indien befördert, ebenso wie Opium, ein weiterer Wirtschaftskatalysator der Alten Welt. Sie war die Lebensmittelader der Antike. Bartolomeu Dias erhielt einen Vorgeschmack davon, als er 1488 in der südindischen Küstenstadt Kalikut eintraf. Die Begeisterung Europas für Seide öffnete auch die Speisekammer Asiens. Mit dem Anbruch des Zeitalters der Entdeckungen wurde Konstantinopel von den Ottomanen eingenommen, die drohten, sämtliche Handelsbeziehungen mit dem Osten zu beenden.

Der erste Europäer, der die Route nahm, war 1602 der jesuitische Missionar Bento de Góis; er brauchte von Agra in Indien bis nach Beijing drei Jahre, da seine Karawane ständig anhielt, um noch weitere Kaufleute mitzunehmen.

Auf der knapp 6500 km langen Linie bewegten sich Waren über Kontinente, doch man sollte sie nicht als durchgehende Wagenstrecke verstehen; vielmehr pendelten Händler auf einzelnen Abschnitten hin und her, um wertvolle Güter zwischen Ost und West zu vermitteln. Der Gedanke, eine Armee hätte den Weg zurücklegen und große Reichtümer mitbringen können, war ein Hirngespinst. Der Austausch ging schrittweise vonstatten, doch brach ein Schiff gen Osten auf, konnte es nach relativ sicherer Überfahrt vollbeladen wiederkehren.

Der Gedanke, eine Armee hätte den Weg zurücklegen und große Reichtümer mitbringen können, war ein Hirngespinst.

Nach der Umrundung Südafrikas befand man sich in den ruhigeren Gewässern des Indischen Ozeans. 1511 unterhielten die Portugiesen einen Stützpunkt auf Malakka, wo der Handelsverkehr des gesamten Malaiischen Archipels zusammenlief. Sie knüpften Kontakt mit Siam (heute Thailand) und der Insel Ternate, deren Sultan mit Gewürznelken reich geworden und konvertierter Moslem war. Jorge Álvares landete im Mai 1513 als erster Portugiese in China, nicht weit entfernt vom jetzigen Hongkong.

DAS GROSSE GEHEIMNIS

Wir wissen nun, dass der Seidenhandel vor Jahrtausenden anfing (ausgegrabene Stoffe, in die ein Kind eingewickelt war, datieren auf 3630 v. Chr.) und China im Zentrum stand. Seidenspinner dürften die ersten Insekten gewesen sein, die dergestalt überzüchtet wurden, dass sie gänzlich auf Menschen angewiesen waren. Zudem sind sie, um ihrem Namen gerecht werden zu können, von den Blättern des weißen Maulbeerbaums abhängig, der in der chinesischen Provinz Henan wächst. Dort entwickelte sich schon früh eine bemerkenswerte Agrikultur, die wiederum den Aufbau der Stoffindustrie beschleunigte, bis der Textilhandel das Leben weiter Bevölkerungsteile genauso bestimmte wie jenes der Raupen. Ihre selektive Zucht hatte zur Folge, dass wilde Seidenspinner keine Fäden mehr absondern.

Die Gewinnung, die dem Rest der Welt lange verborgen blieb, ist ein akribischer Vorgang im Kleinen. Ein Schmetterling legt in vier bis sechs Tagen 500 Eier oder mehr. Die Raupen schlüpfen bei einer Temperatur zwischen 18 und 25 °C, woraufhin man sie halbstündig von Hand mit frischen, gehackten Maulbeerblättern füttert. Sie werden auf stapelbaren, runden Holzstiegen gehalten, während sie fressen, was sich anhört wie prasselnder Regen auf einem Blechdach. Nach einem Monat haben die Raupen ihr Gewicht vertausendfacht und sind ausgewachsen. Zum Verpuppen, wofür sie drei, vier Tage brauchen, produzieren sie eine zähe Substanz, die an der Luft aushärtet.

In ihren Kokons – dicken, weißen Ballen – werden sie eingesammelt und zum Abtöten erhitzt; mit süßen und scharfen Gewürzen gebraten kann man sie weiterhin als Snack, der mehr Protein enthält als Rindfleisch, in ganz Asien auf der Straße kaufen. Der Faden wird schließlich vom Kokon auf Spulen abgewickelt. Er kann jeweils 900 m lang sein; für ein einzelnes Garn braucht man ein halbes Dutzend davon. Die Seide wird dann zu Stoff für Kleider gewoben oder zum Knüpfen verwendet. Ihr Zauber besteht darin, dass sie leicht ist, bei Wärme kühlt und bei Kälte warm hält.

ALTERNATIVE WÄHRUNG

Seide wurde ein Statussymbol. Erst trug sie nur der Kaiser, dann, in verschiedenen Farbabstufungen, auch sein Staat. Zuletzt durften auch die Handelsmissionen darüber verfügen. Das Garn war universell einsetzbar, nicht

Junge Frauen mit Seidenspinnerkokons. Japanischer Druck von Kitagawa Utamaro, frühes 19. Jahrhundert.

nur zum Bespannen von Saiteninstrumenten oder als Angelleine. Griechen und Römer kannten die Menschen von Henan als Seres („Seidenvolk").

Ohne die Maulbeere wäre vieles vielleicht nie passiert. Nunmehr alltägliche Esswaren – Ingwer, Knoblauch, Sternanis, Nelken, Zimt, Sesam, Frühlingszwiebeln, Pfeffer, Fenchel und die Sojabohnen in Tofu oder Miso – kamen alle auf jener einen Strecke zu uns, der Seidenstraße. Das ursprüngliche chinesische Kräuterglossar von 2700 v. Chr. führt über 100 Würzmittel und Arzneikräuter auf. In der Alten Welt setzte man Nahrung und Medizin miteinander gleich. Die Seidenstraße war der Columbian Exchange der Alten Welt – bloß ohne Schiffe, ein Fuß- und Karawanenweg.

Die Vielfalt und Unterschiedlichkeit der Kochtraditionen Asiens deutet unterdessen an, dass die Wurzeln unserer Esskultur im Osten noch tiefer reichen. Die französische und italienische Küche sind mancher Ansicht nach die besten der Welt, doch je weiter man nach Osten schaut, desto mehr Anwärter auf diese Auszeichnung finden sich – in Indien mehr als einer, ebenso in Thailand, Vietnam, China oder Japan, und das ist erst der Anfang, aber eine andere Geschichte, die in den Nebeln der Vorzeit anfängt. Dessen ungeachtet entstanden aus der Rinde des Maulbeerbaums zwei weitere grundlegende Dinge, die für uns selbstverständlich sind. Eines halten Sie in der Hand, das andere steckt in Ihrer Hosentasche. Jahrhunderte vor der Nutzung der Pflanze in irgendeinem anderen Bereich diente ihre Rinde als erstes Schreibpapier.

Und aus diesem Papier wurden bedruckte Geldscheine.

„COLUMBIAN EXCHANGE“ …

Von Alter zu Neuer Welt

Pflanzen

Akee
Apfel
Aprikose
Artischocke
Aubergine
Banane
Birne
Bittergurke
Blumenkohl
Brokkoli
Cantaloupe-Melone
Dattelpalme
Erbse
Feige
Gemüsekohl (Grünkohl und Blattkohl)
Gerste
Grüner Salat
Gurke
Hafer
Hanf (inkl. Cannabis/Marihuana)
Haselnuss
Heidelbeere („Schwarzbeere“, „Blaubeere“)
Kaffee
Kardamom
Karotte
Kiwi
Knoblauch
Kohl
Kolanuss
Lein
Mandel
Mango
Muskatnuss
Okra
Olive
Opium
Pfirsich
Pistazie
Reis
Rettich
Rhabarber
Roggen
Rosenkohl
Rübe
Schwarzer Pfeffer
Sojabohnen
Spargel
Taro
Tee
Walnuss
Wassermelone
Weinreben
Weizen
Yamswurzel (manchmal fälschlicherweise „Süßkartoffel“)
Zimt
Zitrusfrüchte (Orange, Zitrone usw.)
Zuckerrohr
Zuckerrüben
Zwiebel

Tiere

Esel
Felsentaube
Frettchen
Gänse (domestiziert)
Hasen (domestiziert)
Honigbienen
Hühner
Kamele
Katzen (domestiziert)
Kühe
Mäuse
Pferde
Ratten
Schafe (domestiziert)
Schweine (domestiziert)
Seidenspnner
Wasserbüffel
Ziege (domestiziert)

… „KOLUMBIANISCHER AUSTAUSCH"

Von Neuer zu Alter Welt

Pflanzen

Agave
Amaranth (als Getreide)
Ananas
Avocado
Baumwolle (langstapelig)
Canistel
Cashewnuss
Cherimoya
Chia
Coca
Cranberry (großfruchtige Moosbeere oder Schießbeeren-Arten)
Erdbeere (kommerzielle Sorten)
Erdnuss
Gemeine Bohne (Pinto, Lima, Kidney usw.)
Guave (gemein)
Gummi
Himbeere
Kakao
Kartoffel
Kautschuk
Kürbis
Mais
Maniok (Cassava, Tapioka, Yucca)
Papaya
Paprikafrüchte
Passionsfrucht
Pekannuss
Pfeilwurz
Quinoa
Sapote
Schwarzbeere
Sonnenblume
Speisekürbis
Süßkartoffel
Tabak
Tomate
Topinambur
Vanille
Wildreis (Wasserreis, nicht direkt verwandt mit asiatischem Reis)
Yambohne
Yerba-Mate
Yucca
Zimtapfel
Zucchini

Tiere

Alpaka
Amerikanischer Nerz (Pelzzucht)
Chinchilla
Lama
Meerschwein
Moschusente
Truthahn

BIBLIOGRAFIE

Andrews, Jean, 1993. „Diffusion of MesoAmerican Food Complex to Southeastern Europe." *Geographical Review*, Vol. 83, No. 2 (Apr. 1993).

Bareham, Lindsey, 1998. *In Praise of the Potato: Recipes from Around the World*. London: Penguin.

Beeching, C. L T. (Hg.), 1919. *The Modern Grocer*. Vol. 1–4. London: Caxton.

Blake, Michael, 2015. *Maize for the Gods: Unearthing the 9,000-Year History of Corn*. California: University of California Press.

Chapman, Jeff, „The Impact of the Potato", *History Magazine*, http://www.history-magazine.com/potato.html.

Columbus, Christoph, 1998. *Das Logbuch des Christoph Kolumbus*. Die authentischen Aufzeichnungen des großen Entdeckers. Bergisch Gladbach: Lübbe.

Copsey, W. G., 1950. *Law's Grocer's Manual*. Fourth Edition. London: William Clowes & Sons.

Crosby, Alfred W., 1972. *The Columbian Exchange: Biological and Cultural Consequences of 1492*. Westport: Greenwood Press.

DeWitt, Dave und Bosland, Paul W., 2009. *The Complete Chile Pepper Book: A Gardener's Guide to Choosing, Growing, Preserving and Cooking*. Portland: Timber Press.

Diamond, Jared, 1999. *Arm und reich. Die Schicksale menschlicher Gesellschaften*. Frankfurt/M: Fischer.

Divina, Fernando und Marlene, 2004. *Foods of the Americas: Native Recipes and Traditions*. Berkeley: Ten Speed Press.

Ferguson, William M. und Adams, Richard E. W., 2001. *Mesoamerica's Ancient Cities: Aerial Views of Pre-Columbian Ruins in Mexico*. Revised edition. Albuquerque: University of New Mexico Press.

Frankopan, Peter, 2016. *Licht aus dem Osten : Eine neue Geschichte der Welt*. Reinbek: Rowohlt.

Galloway, J. H., 1989. *The sugar cane industry*. Cambridge: Cambridge University Press.

Galloway, Patricia Kay, 2006. *The Hernando de Soto Expedition: History, Historiography and „Discovery" in the Southeast*. Lincoln: University of Nebraska Press.

Gentilcore, David. 2010. *A History of the Tomato in Italy Pomodoro!*. New York: Columbia University Press.

Hale, Sarah J., 1857. *Mrs Hale's New Cook Book*. Philadelphia, USA: T. B. Peterson and Brothers. The National Archives of the UK (TNA).

Iomare, Máirtín Mac Con, 2011. „Irish Corned Beef: A Culinary History". *Journal of Culinary Science and Technology*. 9 (1): 27–43.

Kiple, Kenneth F. und Ornelas, Kriemhild Coneè (Hg), 2000. *The Cambridge World History of Food*. Cambridge: Cambridge University Press.

Kiple, Kenneth F., 2007. *A Moveable Feast: Ten Millennia of Food Globalization*. Cambridge: Cambridge University Press.

Komlos, John, 1998. „The New World's Contribution to Food Consumption During the Industrial Revolution." *Journal of European Economic History*. 27 (1): 67–82.

Langer, William L., 1975. „American Foods and Europe's Population Growth 1750–1850", *Journal of Social History*, 8 (2): 51–66.

Lebovitz, David, 1999. *The Great Book of Chocolate: The Chocolate Lover's Guide with Recipes*. Berkeley: Ten Speed.

Macinnis, Peter, 2003. *Bittersweet: The story of sugar*. Crows Nest: Allen & Unwin.

Malcolmson, Robert W. und Mastoris, Stephanos, 2003. *The English Pig: A History*. London: Bloomsbury.

McNeill, William H., „How the Potato Changed the World's History". *Social Research.* 66 (1): 67–83.

McNeill, William H., „The Introduction of the Potato into Ireland". *Journal of Modern History.* 21 (3): 218–21.

Milioni, Stefano, 1992. *Columbus Menu: Italian Cuisine After the First Voyage of Christopher Columbus, 1492-1992.* New York: Italian Trade Commission.

Mintz, Sidney, 2015. *The Oxford Companion to Sugar.* Oxford: Oxford University Press.

Nichols, Deborah L. und Pool, Christopher A., 2012. *The Oxford Handbook of Mesoamerican Archaeology.* Oxford: Oxford University Press.

Nunn, Nathan und Qian, Nancy, 2010. „The Columbian Exchange: A History of Disease, Food, and Ideas". *Journal of Economic Perspectives.* 24 (2): 163–188.

Owen, Sri, 2003. *The Rice Book.* London: Frances Lincoln.

Parry, John Horace, 1981. *Discovery of the Sea.* California: University of California Press.

Polo, Marco, 2003. *Die Wunder der Welt: Il Milione.* Frankfurt/M.: Insel.

Ponting, Clive, 2001. *World History: a new perspective.* London: Pimlico.

Renoux, Victoria, 2005. *For the Love of Garlic: The Complete Guide to Garlic Cuisine.* New Hyde Park: Square One.

Salaman, Redcliffe N., Burton, W. G und Hawkes, J. G, 1985. *The History and Social Influence of the Potato.* Cambridge: Cambridge University Press.

Simmonds, W. H., 1912. *The Practical Grocer.* Vol. 1–4. London: Gresham

Simon, Andre, 1952. *A Concise Encylcopedia of Gastronomy.* London: Penguin.

Smith, A. F., 1994. *The Tomato in America: Early History, Culture, and Cookery.* Columbia: University of South Carolina Press.

Smith, Andrew F., 2009. *The Turkey: An American Story.* Champagne: University of Illinois Press.

Smith, Andrew. DATE. *The Oxford Guide to American Food and Drink.* XX EDITION. Oxford: OUP.

Stobart, Tom, 1980. *The Cook's Encyclopeadia.* London: B. T. Batsford.

The National Archives of the USA: From the Archives: [nid: 186251]. „Thanksgiving with the Presidents". November 21, 2002. https://obamawhitehouse.archives.gov/blog/2012/11/21/archives-thanksgiving-presidents. (DATE ACCESSED).

Webster, A. L., 1844. *The Improved Housewife; or, Book of Receipts; with engraving for marketing and carving.* Hartford.

Wentworth, Harold und Flexner, Stuart Berg, 1960. *Dictionary of American Slang.* Springfield: Crowell.

Wessinger, Kent J, 2017. *Creative practice and economic crisis in the Caribbean.* Oxford: Routledge

Wilk, Richard and Barbosa, Livia (Hg.), 2013. *Rice and Beans: A Unique Dish in a Hundred Places.* London: Bloomsbury.

Wiseman, Julian, 2000 *The Pig: A British History.* London: Duckworth.

REGISTER

BILDNACHWEIS FÜR KAPITELAUFMACHER

Kapitel 1: Magnaten am Mississippi: Floß und Dampfschiffe passieren eine Zuckerrohrplantage mit stattlichem Herrenhaus. Handkolorierter Holzschnitt aus dem 19. Jahrhundert.

Kapitel 2: Mais wurde zur Basis der modernen Ernährung. Schwarz-Weiß-Foto des ländlichen Quebec, vom Studio Light and Shade (2018).

Kapitel 3: Ein undatiertes Foto aus den Neunzigerjahren mit jungen Schweinen. Fotograf: George Rinhart, veröffentlicht vom United States Department on Agriculture.

Kapitel 4: Eine Gruppe Frauen auf Jamaika bei der Kakao-Verarbeitung, circa 1900, von A. Duperly & Son.

Kapitel 5: Familienarbeit. Frauen und Jungen bei der Kartoffelernte, Deutschland. Unbekannter Fotograf.

Kapitel 6: Holzfarbdruck von Reisfeldern in Ono in der japanischen Präfektur Suruga aus der Reihe *36 Ansichten des Fuji (Fugaku sanjurokkei)*, ca. 1830–1833, Katsushika Hokusai (1760–1849).

Kapitel 7: Könige des Bauernhofs. Gravur von Truthühnern, ca. 1886, aus der Historischen Bildersammlung des Autors.

Kapitel 8: Weizenernte mit dampfgetriebener Dreschmaschine im Westen der USA. Kolorierter Kupferstich aus dem 19. Jahrhundert.

Kapitel 9: In der Sonne trocknende Chilis in Chimayo, New Mexico. Fotografie von Mark Summerfeld.

Kapitel 10: Der Sonnenstaat. Arbeiter bei der Orangenernte auf einer Plantage im Riverside County, Kalifornien, 1930er Jahre. Foto: California Citrus Heritage Recording Project.

Kapitel 11: Plakatwerbung des britischen Empire Marketing Board für im Empire angebaute Bananen, frühes 20. Jahrhundert.

Kapitel 12: Der kanadische Maler Paul Kane schuf in den 1840er-Jahren zahlreiche Gemälde mit Szenen aus dem Leben nordamerikanischer Indianervölker. Auf diesem Bild sind Métis bei der Bisonjagd zu sehen, einem wichtigen Bestandteil ihrer Alltagskultur.

Postskriptum: Hofdamen mit frisch gesponnener Seide. Kopie aus dem 12. Jahrhundert, Original vermutlich von Zhang Xuan aus dem 8. Jahrhundert.

BILDNACHWEIS

akg-images: 32
Alamy: 4, 5, 12, 18, 30, 41, 43, 44, 54, 73, 76, 78, 83, 85, 86, 91, 92, 97, 105, 106, 111, 112, 117, 118, 129, 130, 132, 136, 140, 145, 146, 151, 157, 158, 163, 176, 179, 181, 185, 194, 196, 202, 205, 207, 210, Einband
Dreamstime: 186
Getty Images: 56, 124
United States Library of Congress: 68, 198
Mary Evans Picture Library: 20, 35, 38, 58, 61, 63, 64, 94, 98, 120, 142, 152, 166, 171, 172, 174, 182, 188, 193, 200, 214
The Metropolitan Museum of Art: 23, 8
Shutterstock: 29, 36, 102, 164, 190
Wellcome Collection: 27, 160
Wikimedia Commons: 15, 46, 51, 51, 51, 139, 20
Winterandsparrow.com: 108
Yale Center for British Art: 716

Die englische Originalausgabe erschien unter dem Titel *The Conquerors' Feast. The Foods That Changed the Way We Eat.*

Conceived and produced by Elwin Street Productions Limited
14 Clerkenwell Green, London EC1R 0DP

Diese Ausgabe erscheint gemäß der Vereinbarung mit Elwin Street Productions Limited in deutscher Erstübersetzung bei der Wissenschaftlichen Buchgesellschaft, Darmstadt.

Die Deutsche Nationalbibliothek verzeichnet diese Publikation in der Deutschen Nationalbibliografie; detaillierte bibliografische Daten sind im Internet über
http://dnb.d-nb.de abrufbar.

wbg THEISS ist ein Imprint der wbg.

Die Herausgabe des Werkes wurde durch die Vereinsmitglieder der wbg ermöglicht.
Redaktion und Satz: Dr. Rainer Schöttle Verlagsservice
Einbandgestaltung: Martin Veicht, Regensburg
Gedruckt auf säurefreiem und alterungsbeständigem Papier
Printed in China

Besuchen Sie uns im Internet: www.wbg-wissenverbindet.de
978-3-8062-4029-0